1 裙子

彩图1（制图见正文第004页） 彩图2（制图见正文第006页） 彩图3（制图见正文第008页）

彩图4（制图见正文第010页） 彩图5（制图见正文第014页）

彩图 6（制图见正文第 017 页）　　彩图 7（制图见正文第 020 页）　　彩图 8（制图见正文第 023 页）

彩图 9（制图见正文第 026 页）　　　彩图 10（制图见正文第 029 页）

彩图 11（制图见正文第 032 页）　　彩图 12（制图见正文第 035 页）　　彩图 13（制图见正文第 037 页）

彩图 14（制图见正文第 039 页）　　彩图 15（制图见正文第 041 页）

彩图 16（制图见正文第 043 页） 彩图 17（制图见正文第 046 页） 彩图 18（制图见正文第 048 页）

彩图 19（制图见正文第 050 页） 彩图 20（制图见正文第 053 页） 彩图 21（见正文第 055 页）

2 裤子

彩图 22（制图见正文第 059 页）　彩图 23（制图见正文第 061 页）　彩图 24（制图见正文第 063 页）

彩图 25（制图见正文第 066 页）　　彩图 26（制图见正文第 069 页）

彩图 27（制图见正文第 071 页）　　彩图 28（制图见正文第 074 页）　　彩图 29（制图见正文第 077 页）

彩图 30（制图见正文第 081 页）　　　　彩图 31（制图见正文第 083 页）

彩图 32（制图见正文第 085 页）　　彩图 33（制图见正文第 088 页）　　彩图 34（制图见正文第 090 页）

彩图 35（制图见正文第 092 页）　　　　彩图 36（制图见正文第 094 页）

彩图 37（制图见正文第 096 页）　　彩图 38（制图见正文第 098 页）　　彩图 39（制图见正文第 100 页）

彩图 40（制图见正文第 102 页）　　彩图 41（制图见正文第 104 页）　　彩图 42（见正文第 105 页）

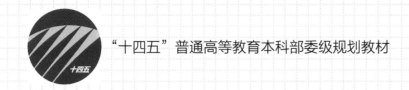

"十四五"普通高等教育本科部委级规划教材

服装结构造型大全：
裙子·裤子篇

王朝晖　宋婧 ◎ 编著

中国纺织出版社有限公司

内 容 提 要

本书为 "十四五"普通高等教育本科部委级规划教材，是"服装结构造型大全"丛书中的一册。"服装结构造型大全"共分四册，根据服装种类非常全面地对服装变化款式的构成方法进行了解析，该丛书包括《服装结构造型大全：裙子·裤子》《服装结构造型大全：衬衫·连衣裙》《服装结构造型大全：外套·背心》《服装结构造型大全：大衣·斗篷》，每册将针对最新的时尚款式变化，解析省道、分割线、衣褶、衣裥等结构元素在服装造型构成中的变化应用。本书主要讲述裙子、裤子款式变化的省道造型、创意的分割线设计、衣褶和衣裥的巧妙融合，以及材料与整体造型的融合。通过详细的操作步骤解析、规范的操作方法示范，讲授变化款式的构成方法、规律，传递"造型美在方寸间"的服装概念。

本书语言凝练，案例丰富，可作为服装类专业教材使用，亦可供服装爱好者参考阅读。

图书在版编目（CIP）数据

服装结构造型大全 . 裙子·裤子篇 / 王朝晖，宋婧编著 . -- 北京：中国纺织出版社有限公司，2022.12
"十四五"普通高等教育本科部委级规划教材
ISBN 978-7-5180-9906-1

Ⅰ . ①服… Ⅱ . ①王… ②宋… Ⅲ . ①裙子—服装结构—结构设计—高等学校—教材②裙子—造型设计—高等学校—教材③裤子—服装结构—结构设计—高等学校—教材④裤子—造型设计—高等学校—教材 Ⅳ . ① TS941.2

中国版本图书馆 CIP 数据核字（2022）第 181142 号

责任编辑：苗 苗　　责任校对：江思飞　　责任印制：王艳丽

中国纺织出版社有限公司出版发行
地址：北京市朝阳区百子湾东里A407号楼　邮政编码：100124
销售电话：010—67004422　传真：010—87155801
http://www.c-textilep.com
中国纺织出版社天猫旗舰店
官方微博http://weibo.com/2119887771
北京通天印刷有限责任公司印刷　各地新华书店经销
2022年12月第1版第1次印刷
开本：787×1092　1/16　印张：7.625　插页：8
字数：107千字　定价：56.80元

凡购本书，如有缺页、倒页、脱页，由本社图书营销中心调换

前言

　　随着信息化时代的到来和经济全球化的影响，服装与服装设计教育因面临资源的整合而被提升到一个新的发展阶段。已出版的服装结构类教材中很少有结合材料讲授结构理论与技术的内容；已有的服装款式类教材中缺乏对时尚款式变化的结构理论和技术的阐述。"服装结构造型大全"系列丛书在《服饰造型讲座》的基础上进一步提升结构设计理论和技术。

　　《服装结构造型大全：裙子·裤子篇》的编写是在中国纺织教育学会的指导下进行并完善的。本配套教材将结合国内外教材的优点，根据服装在造型和材料上的特殊性进行款式变化结构设计理论和技术的提升。应用日本文化原型进行平面结构的理论阐述及其原型变化的原理剖析，除了廓型结构分析，同时解析了不同款式造型，以及款式内部结构特点。

　　本书分别选择20款最新的时尚裙子、裤子款式进行详细的实例讲授，并绘制平面结构图。根据使用的面料特性，分析款式结构的原型变化及放松量的确定关系。本书既可以作为服装专业的学生学习服装结构课程的练习册，也可作为广大服装爱好者和从业人员的参考用书。

　　最后，衷心地感谢刘盈杉、彭家琪、范珺等参与本书编写工作的人员。

　　因时间有限，书中疏漏之处在所难免，欢迎读者对本书进行指正。

编著者

2022年8月

教学内容及课时安排

本教材适用的专业方向包括：服装设计、服装设计与工程等。总课时为 32 课时。各院校可根据自身教学特色和教学计划对课程时数进行调整。

部分（课时）	课程性质（课时）	序号	课程内容
1 （16课时）	裙子变化款式 （16课时）	1.1	裙子变化款式一
		1.2	裙子变化款式二
		1.3	裙子变化款式三
		1.4	裙子变化款式四
		1.5	裙子变化款式五
		1.6	裙子变化款式六
		1.7	裙子变化款式七
		1.8	裙子变化款式八
		1.9	裙子变化款式九
		1.10	裙子变化款式十
		1.11	裙子变化款式十一
		1.12	裙子变化款式十二
		1.13	裙子变化款式十三
		1.14	裙子变化款式十四
		1.15	裙子变化款式十五
		1.16	裙子变化款式十六
		1.17	裙子变化款式十七
		1.18	裙子变化款式十八
		1.19	裙子变化款式十九
		1.20	裙子变化款式二十
2 （16课时）	裤子变化款式 （16课时）	2.1	裤子变化款式一
		2.2	裤子变化款式二
		2.3	裤子变化款式三
		2.4	裤子变化款式四
		2.5	裤子变化款式五
		2.6	裤子变化款式六
		2.7	裤子变化款式七
		2.8	裤子变化款式八
		2.9	裤子变化款式九
		2.10	裤子变化款式十
		2.11	裤子变化款式十一
		2.12	裤子变化款式十二

部分（课时）	课程性质（课时）	序号	课程内容
2 （16课时）	裤子变化款式 （16课时）	2.13	裤子变化款式十三
		2.14	裤子变化款式十四
		2.15	裤子变化款式十五
		2.16	裤子变化款式十六
		2.17	裤子变化款式十七
		2.18	裤子变化款式十八
		2.19	裤子变化款式十九
		2.20	裤子变化款式二十

目录

1
裙子变化款式

课程名称：裙子变化款式

课程内容：20款裙子结构设计

课程时间：16课时

教学目的：使学生掌握日本文化原型中的裙原型的变化原理，了解不同面料裙装的放松量的大小及不同款裙装的穿着搭配方式，掌握20款经典款裙装的制图要点。

教学方式：以线下教学为主

教学要求：1.掌握日本文化原型裙原型的变化原理

2.掌握20款裙装的制图方法

课前（后）准备：准备好裙原型，对款式图进行分解；准备好绘图工具，绘制思考题中的结构图。

裙子通常是指包裹女性下半身的服装，但苏格兰男子穿用的短裙是个例外。在历史上，最古老的裙子属古埃及时期出现过的用四方布做成筒形裹在腰间的装束。随着社会环境的变化，科技的进步发展及生活方式的多样化，设计和面料也都发生着快速的变化，着装方法也变得越来越多样化，裙子的形态和长度出现了各种各样的变化，如今裙子款式变化万千。

裙子的面料可根据款式、用途和季节等因素进行选择。但由于人体各种运动姿势均会对裙子的造型有所影响，如在坐下或跪坐时，裙子因容易产生皱褶而发生形变，因此对于款式简洁且松量较少的裙子，最好选用不易变形的优质面料。适用于简洁款式裙子的面料有华达呢、精纺麦尔登呢、哔叽、萨克森法兰绒、粗花呢、海力蒙、人字呢、法兰绒、棉结粗呢、双面乔其纱等。

裙子可以根据其造型和裙长，或设计款式、面料、缝制等各种各样的特征来命名。例如，紧身裙、塔裙、活褶裙、半紧身裙、圆摆裙、拼接裙等。

1.1 裙子变化款式一

1.1.1 设计分析

1.1.1.1 设计

该裙是直线造型裙装（图1–1），前后腰部有符合人体造型的收腰省，为了满足人体活动，设计了后中心开衩，方便行走，造型简洁。这是一款基础裙装，可以搭配衬衫、背心、外套等。

1.1.1.2 用料

面料：幅宽150cm，用料长100cm。

辅料：腰头衬料长度为腰围长度+3cm（搭门量），宽度为3cm左右（根据设计要求适当增减）。

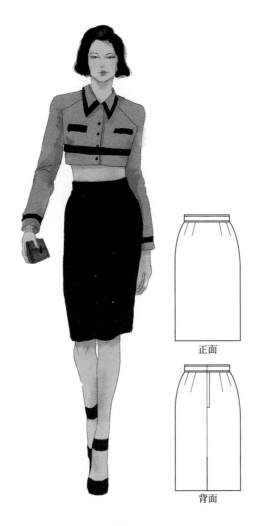

正面

背面

图 1-1

1.1.2 平面结构制图要点

1.1.2.1 裙身

为了满足人体活动需要，臀围松量设计为4cm，侧缝线确定在臀围线中点向后片移动1cm处，这样的设计从侧面看整体效果比较舒适（图1-2）。注意，图中的 W、H 均为成品腰围、臀围尺寸。

1.1.2.2 腰头

腰头的造型为直线型。

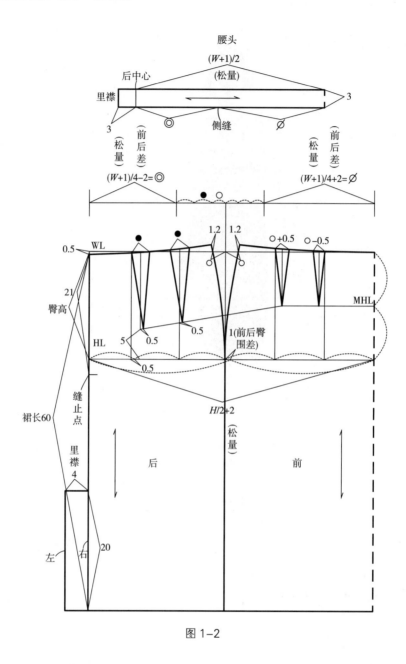

图 1-2

1.2 裙子变化款式二

1.2.1 设计分析

1.2.1.1 设计

这款裙装的廓型是 A 型，从腰围到臀围紧贴身体形态，底摆保持自然散开。这种廓型可满足人体活动，方便行走。前后腰部有符合人体造型的腰省。该裙是一款活泼简洁的裙装，可以搭配衬衫、背心、外套等（图1-3）。

1.2.1.2　用料

面料：幅宽150cm，用料长60cm。

辅料：腰头衬料长度为腰围长度+3cm（搭门量），宽度为3cm左右（根据设计要求适当增减）。

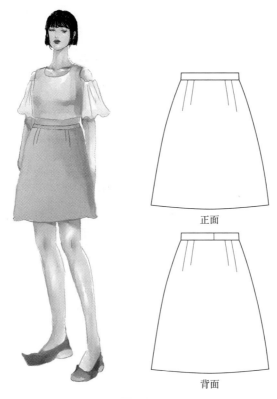

正面

背面

图1-3

1.2.2　平面结构制图要点

1.2.2.1　裙身

裙长50cm。为了满足人体活动需要，后臀围松量设计为2cm，前臀围松量设计为2cm，前后臀围差1cm。裙子设计的基本要点是需考虑人体运动如走路等所要求的运动量。由于不涉及款式和裙长变化，该裙装的平面结构图可以作为基本制图灵活使用（图1-4）。

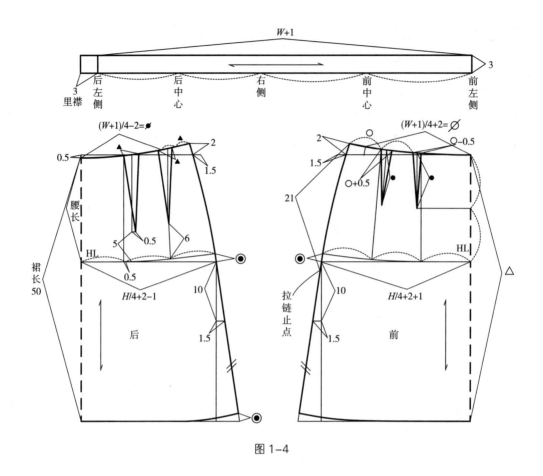

图1-4

1.2.2.2 腰头

腰头的造型为直线型。

1.3 裙子变化款式三

1.3.1 设计分析

1.3.1.1 设计

这款裙子的廓型是A字型，为散摆前短后长造型裙装，用腰部细褶来弥补臀腰差，裙摆似喇叭。腰部增加腰带起到修饰作用。前后裙长差异，增加了裙子的层次感，也满足了人体活动的需要。这是一款休闲雅致的裙装，可以搭配衬衫、背心等（图1-5）。

1.3.1.2 用料

面料：幅宽150cm，用料长100cm。

辅料：后腰头松紧带长为后腰围+1cm，宽度为3cm左右（根据设计要求适当增减）。

正面

背面

图1-5

1.3.2 平面结构制图要点

后裙身褶量要注意给足，同时腰围至少需要1cm松量。裙子底摆设计的基本要点是考虑到人体运动如走路等所要求的运动量，以及舒适美观程度（图1-6、图1-7）。

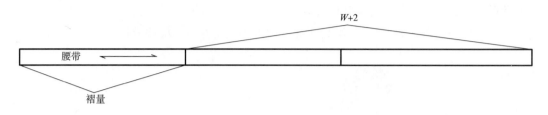

图 1-6

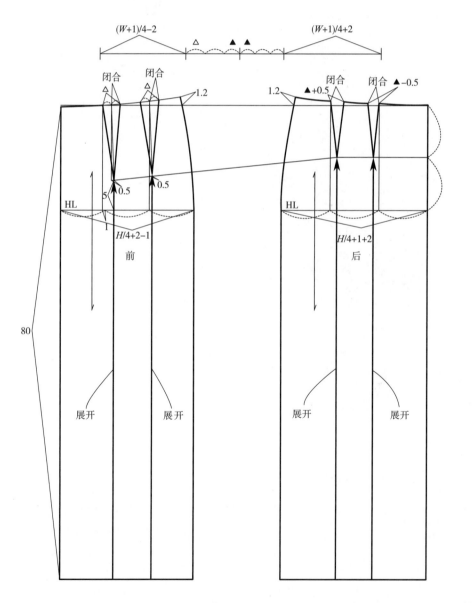

图 1-7

1.4　裙子变化款式四

1.4.1　设计分析

1.4.1.1　设计

　　该裙是高腰裙装，廓型偏A型。裙中心设计了箱式褶裥，既增加了裙子的设计元素，又增加了活动空间，方便人体活动。加入对合的褶裥，褶裥的大小可以根据体型、布幅宽度或喜好来增减。但由于该裙是加入褶裥的设计，不宜用很厚的布料。该裙是一款休闲日常裙装，可以搭配短款衬衫、背心、外套等（图1-8）。

1.4.1.2　用料

　　面料：幅宽150cm，用料长100cm。

正面

背面

图1-8

1.4.2　平面结构制图要点

　　为了满足人体活动需要，腰围松量设计为1cm；为了展现人体曲线，注意省道开口位置大小的微调。腰部贴边处理腰头缝份（图1-9、图1-10）。

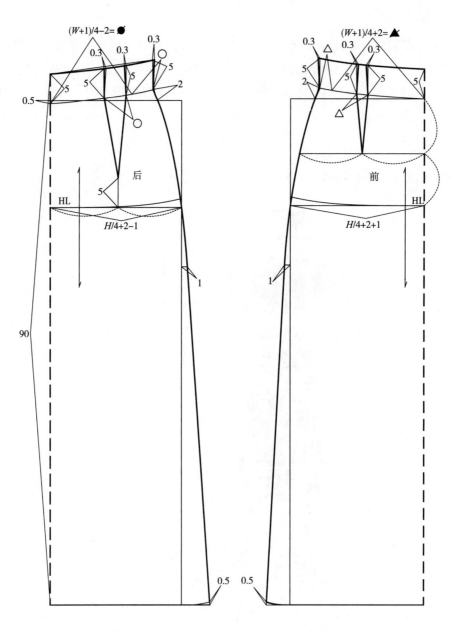

图 1-9

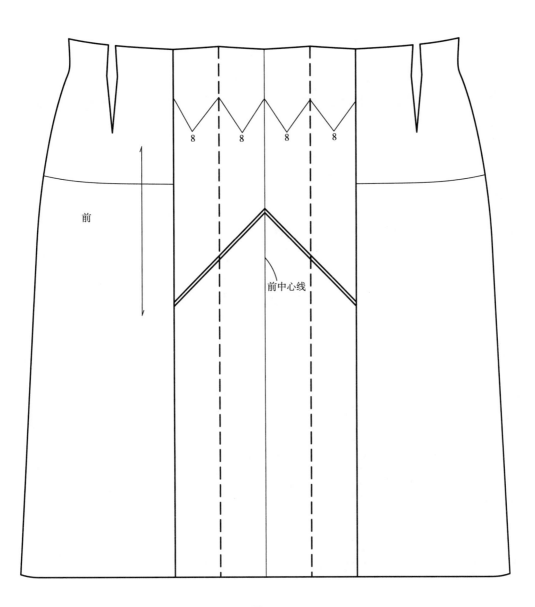

图 1-10

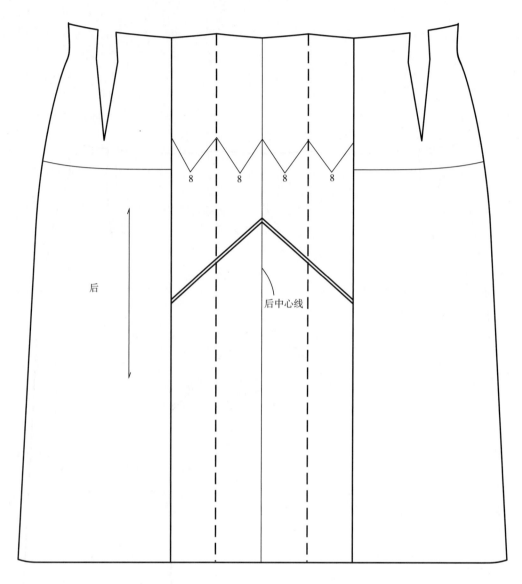

图 1-10

1.5 裙子变化款式五

1.5.1 设计分析

1.5.1.1 设计

该裙是一款简洁的喇叭型裙装，从腰围展开的大喇叭裙型，结构符合人体造型，规避了收腰省道。人穿上后每迈一步都会产生流动的感觉。随着材料的改变，该裙装可在日常或社交场合穿着。这是一款活泼简洁的裙装，可以搭配衬衫、背心、外套等（图1-11）。

1.5.1.2 用料

面料：幅宽150cm，用料长80cm。

辅料：腰头衬料长度为腰围长度+3cm（搭门量），宽度为3cm左右（根据设计要求适当增减）。

正面

背面

图 1-11

1.5.2 平面结构制图要点

喇叭量要注意大小，太小无法形成喇叭形状，太大会偏离效果图表现的形状。考虑设计因素，展开后的裙摆围度可以为原来底摆围度的2倍左右（图1-12~图1-14）。

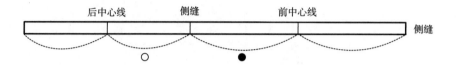

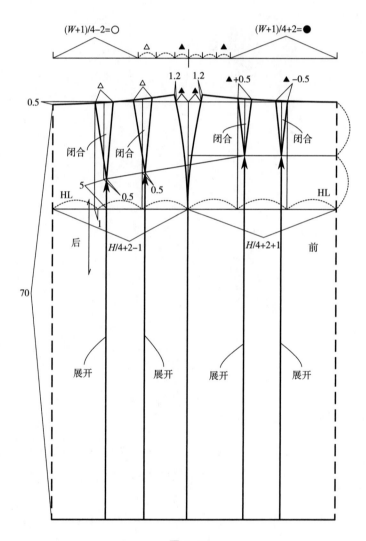

图1-12

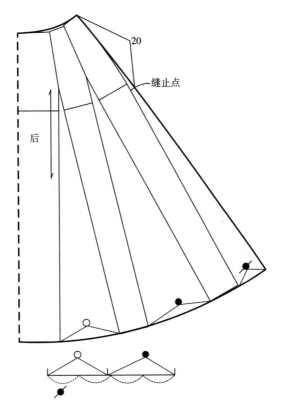

图 1-13

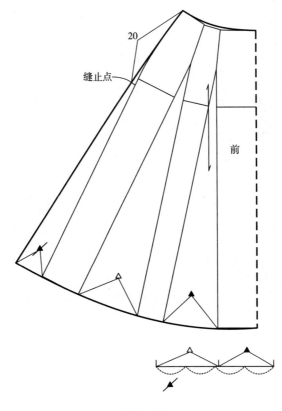

图 1-14

1.6 裙子变化款式六

1.6.1 设计分析

1.6.1.1 设计

该裙为A型裙，前后不规则的育克代替收腰省贴合人体造型。此廓型可满足人体活动，方便行走。装饰性拼接增加了裙子的层次感。这是一款活泼休闲的裙装，可以搭配衬衫、背心、外套等（图1-15）。

正面

背面

图 1-15

1.6.1.2　用料

面料1：门幅150cm，用料长70cm。

面料2：门幅150cm，用料长30cm。

1.6.2　平面结构制图要点

因为育克代替省道，所以需要适当调整省道长度。下方拼片需要注意褶的大小，保证整体裙身呈A型造型（图1-16、图1-17）。

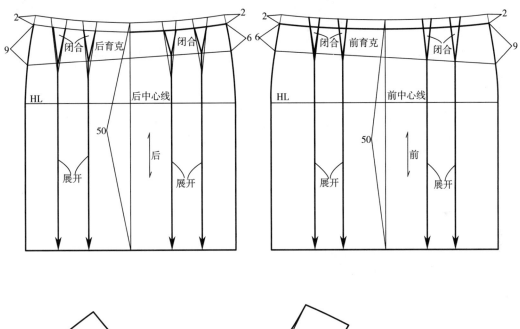

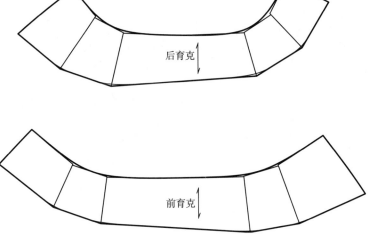

图1-16

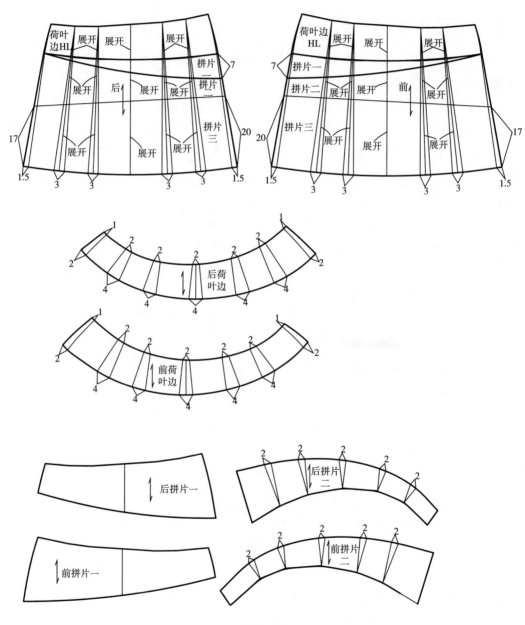

图 1-17

1.7 裙子变化款式七

1.7.1 设计分析

1.7.1.1 设计

该裙是A型裙，后腰部有符合人体造型的腰省，前腰部用褶裥代替省道，既增加了设计元素又符合人体造型。前裙设计了开衩，可满足人体活动，方便行走。这是一款休闲雅致的裙装，可以搭配衬衫、背心、外套等（图1-18）。

正面

背面

图 1-18

1.7.1.2 用料

面料：幅宽150cm，用料长70cm。

1.7.2 平面结构制图要点

为了满足人体活动需要，腰围松量设计为1cm，臀围松量设计为4cm。展开后完成制图，注意底摆修顺（图1-19、图1-20）。

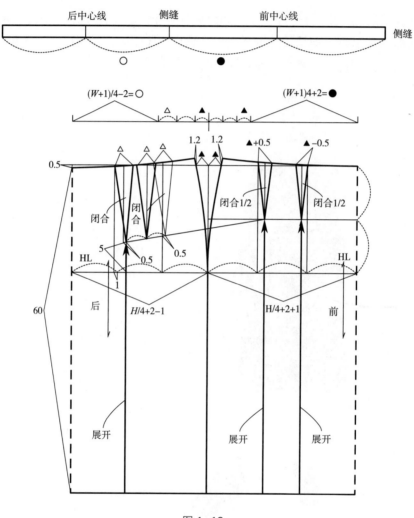

图 1-19

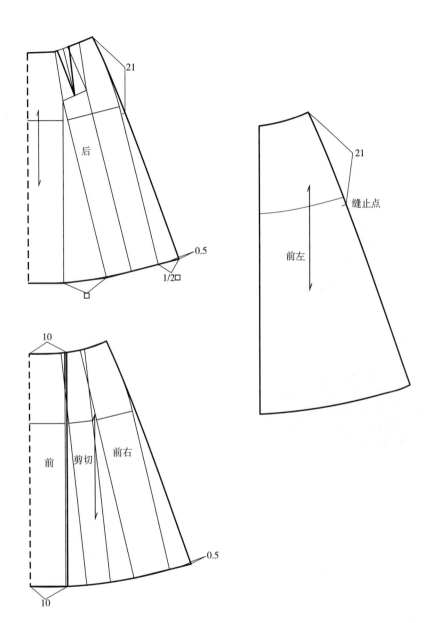

图 1-20

1.8 裙子变化款式八

1.8.1 设计分析

1.8.1.1 设计

　　该裙是A型裙，前后使用育克代替省道，贴合人体造型。为了满足人体活动，育克下方拼接大褶量喇叭裙，方便行走。这是一款日常休闲裙装，可以搭配衬衫、背心等（图1-21）。

正面

背面

图 1-21

1.8.1.2 用料

面料：幅宽150cm，用料长55cm。

辅料：黏合衬幅宽90cm，用料长40cm。

1.8.2 平面结构制图要点

为了满足人体活动的需要，腰围松量设计为1cm，臀围松量设计为4cm。这款裙装喇叭褶量大，需要注意给足展开量。注意，此款裙装的设计为前后育克在侧缝对合处尺寸相同（图1-22、图1-23）。

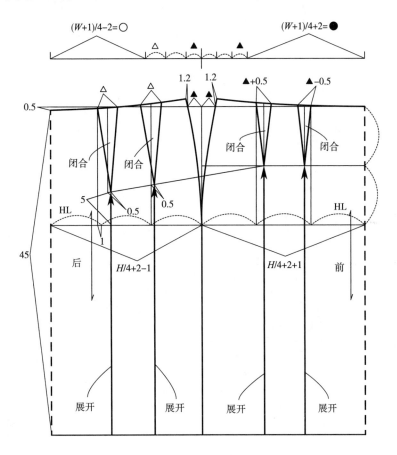

图 1-22

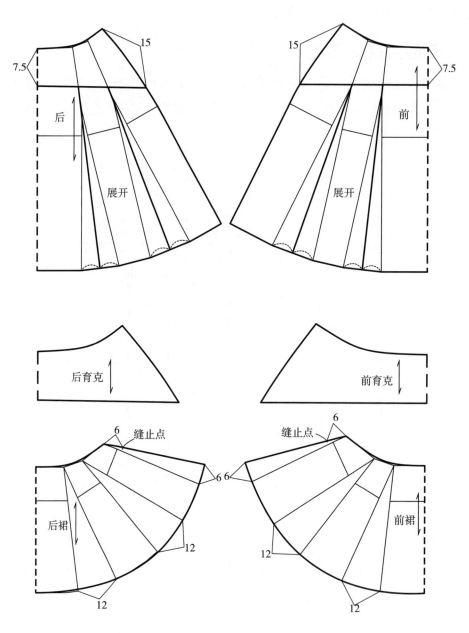

图 1-23

1.9 裙子变化款式九

1.9.1 设计分析

1.9.1.1 设计

该裙是O型裙，前后用褶裥代替省道使其符合人体造型。底摆抽褶让裙身呈现O型。这是一款活泼休闲的裙装，可以搭配衬衫、背心、外套等（图1-24）。

正面

背面

图1-24

1.9.1.2　用料

面料：幅宽150cm，用料100cm。

辅料：腰头衬料长度为腰围长度+3cm（搭门量），宽度为3cm左右（根据设计要求适当增减）。

1.9.2　平面结构制图要点

1.9.2.1　裙身

用褶裥代替省道，注意褶裥的大小分配；底摆的展开量必须大，抽褶过后才能达到O型效果（图1-25、图1-26）。

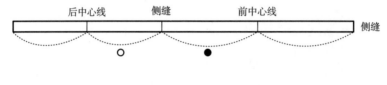
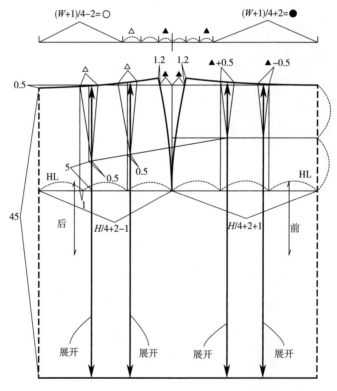

图 1-25

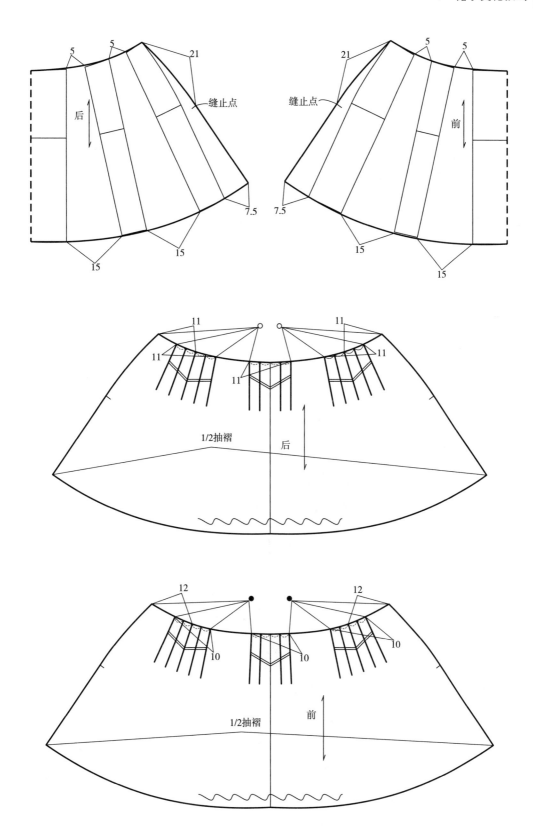

图 1-26

1.9.2.2　腰头

腰头的造型为直线型。

1.10　裙子变化款式十

1.10.1　设计分析

1.10.1.1　设计

该裙是直线造型裙装，后腰部有符合人体造型的腰省，前腰部的省道转移到侧缝形成褶量。为了满足人体活动，设计了前侧方开衩，方便行走。这是一款休闲通勤裙装，可以搭配衬衫、背心、外套等（图1-27）。

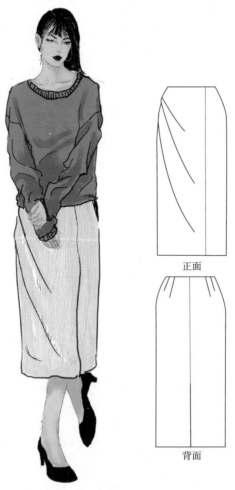

正面

背面

图 1-27

1.10.1.2 用料

面料：幅宽150cm，用料长80cm。

1.10.2 平面结构制图要点

在裙原型的基础上进行画图，进行腰省位置转化处理，为了满足人体活动需要，臀围松量设计为4cm。要注意侧缝褶量，避免前侧方拼合线歪曲，使整体效果更加舒适（图1-28、图1-29）。

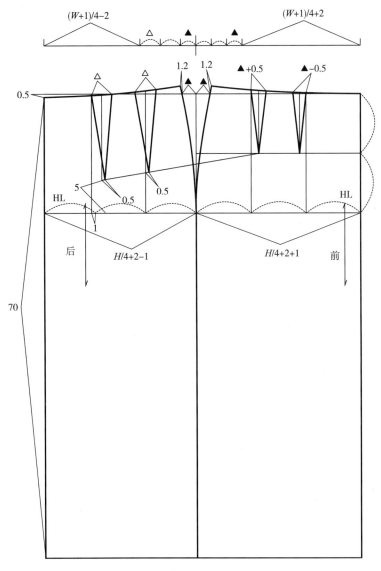

图 1-28

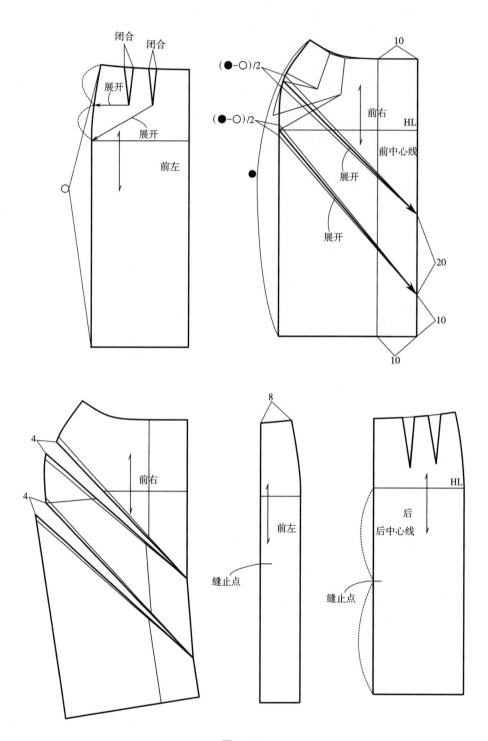

闭合　闭合
展开
展开
前左

(●-○)/2
(●-○)/2
●
10
前右
HL
前中心线
展开
展开
20
10
10

4
4
前右
前左
8
缝止点

HL
后
后中心线
缝止点

图 1-29

1.11 裙子变化款式十一

1.11.1 设计分析

1.11.1.1 设计

该裙是 A 型裙，分为里外两层，里层利用类似喇叭裙的制图原理，在消除省道的同时为臀围留足松量，方便人体活动；外层起到装饰作用。这是一款日常休闲裙装，可以搭配衬衫、背心、外套等（图 1-30）。

正面

背面

图 1-30

1.11.1.2 用料

面料：幅宽 150cm，用料长 100cm。

辅料：腰头衬料长度为腰围长度 +3cm（搭门量），宽度为 3cm 左右（根据设计要求适当增减）。

1.11.2　平面结构制图要点

1.11.2.1　裙身

为了满足人体活动需要，腰围松量设计为1cm，外层在展开时上下两边都需要展开，这样在腰部褶收拢后下摆比腰部更宽，形成A廓型（图1-31、图1-32）。

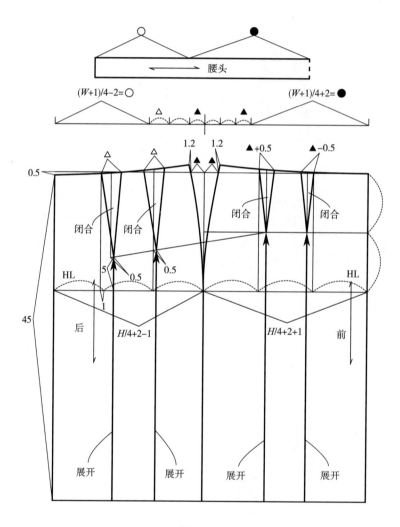

图1-31

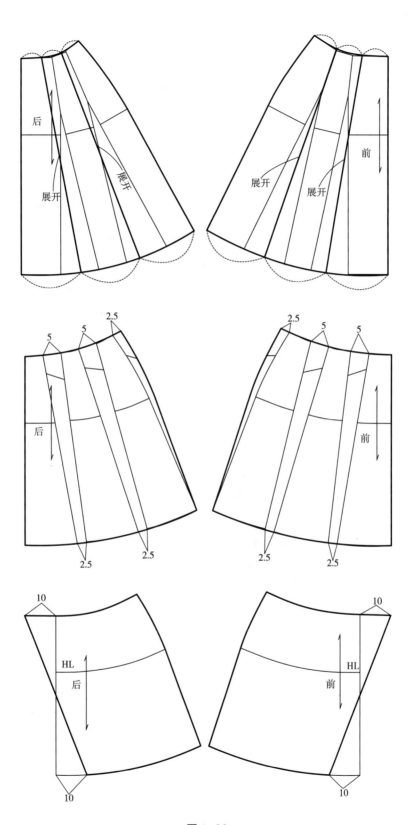

后

展开 展开

前

展开 展开

2.5
5 5

后

2.5 2.5

2.5
5 5

前

2.5 2.5

10

HL

后

HL

前

10

10 10

图 1-32

1.11.2.2　腰头

腰头的造型为直线型。

1.12　裙子变化款式十二

1.12.1　设计分析

1.12.1.1　设计

该裙是直线造型裙装，前后腰部有符合人体造型的腰省。下摆增加了荷叶边，丰富了设计元素。这是一款日常通勤裙装，可以搭配衬衫、背心、外套等（图1-33）。

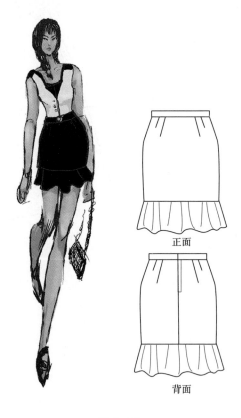

正面

背面

图 1-33

1.12.1.2　用料

面料：幅宽150cm，用料长55cm。

辅料：腰头衬料长度为腰围长度+3cm（搭门量），宽度为3cm左右（根据设计要求适当增减）。

1.12.2　平面结构制图要点

1.12.2.1　裙身

为了满足人体活动需要，臀围松量设计为4cm。可以根据裙基本型展开制图（图1-34）。

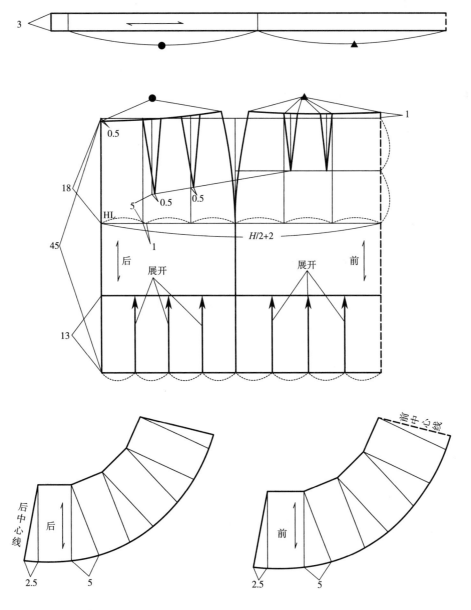

图1-34

1.12.2.2　腰头

腰头的造型为直线型。

1.13　裙子变化款式十三

1.13.1　设计分析

1.13.1.1　设计

该裙是直线造型裙装，前后腰部有符合人体造型的腰省。下摆增加了双层荷叶边，丰富了设计元素。这是一款日常通勤裙装，可以搭配衬衫、背心、外套等（图1-35）。

正面

背面

图1-35

1.13.1.2　用料

面料：幅宽150cm，用料长90cm。

辅料：腰头衬料长度为腰围长度 +3cm（搭门量），宽度为 3cm 左右（根据设计要求适当增减）。

1.13.2 平面结构制图要点

1.13.2.1 裙身

为了满足人体活动需要，臀围松量设计为 4cm（图 1-36）。

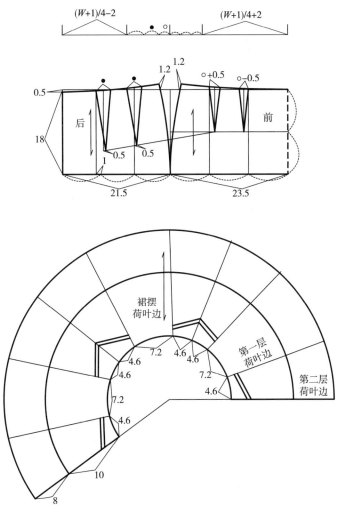

图 1-36

1.13.2.2 腰头

腰头的造型为直线型。

1.14 裙子变化款式十四

1.14.1 设计分析

1.14.1.1 设计

该裙是A型造型裙装，前后有两条分割线，在制作褶皱的同时起到省道的作用，弥补臀腰差，符合人体造型。这是一款日常休闲裙装，可以搭配衬衫、背心、外套等（图1-37）。

正面

背面

图 1-37

1.14.1.2 用料

面料：幅宽150cm，用料长55cm。

辅料：腰头衬料长度为腰围长度+3cm（搭门量），宽度为3cm左右（根据设计要求适当增减）。

1.14.2 平面结构制图要点

1.14.2.1 裙身

为了满足人体活动的需要，臀围松量设计为4cm（图1-38）。

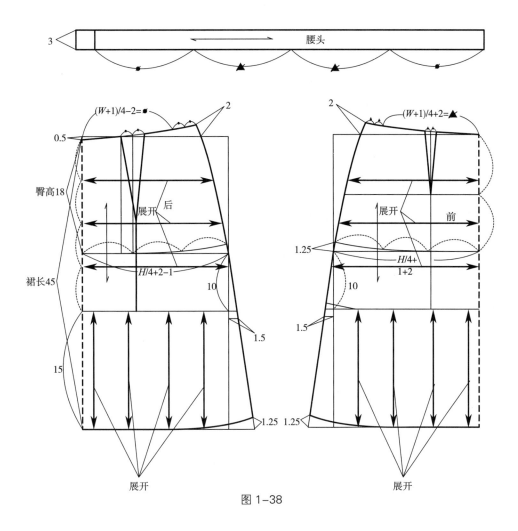

图 1-38

1.14.2.2　腰头

腰头的造型为直线型。

1.15　裙子变化款式十五

1.15.1　设计分析

1.15.1.1　设计

该裙是直线造型裙装，腰部使用打结的方式来弥补臀腰差。为了满足人体活动，设计了前中心开衩，方便行走。该裙不宜用厚面料。这是一款休闲雅致的裙装，可以搭配衬衫、背心、外套等（图1-39）。

正面

背面

图 1-39

1.15.1.2　用料

面料1：幅宽150cm，用料长100cm。

面料2：幅宽150cm，用料长40cm。

1.15.2　平面结构制图要点

为了满足人体活动需要，臀围松量设计为4cm。纽结可以参考图1-40中的尺寸进行平面结构制图。该裙平面结构制图如图1-40、图1-41所示。

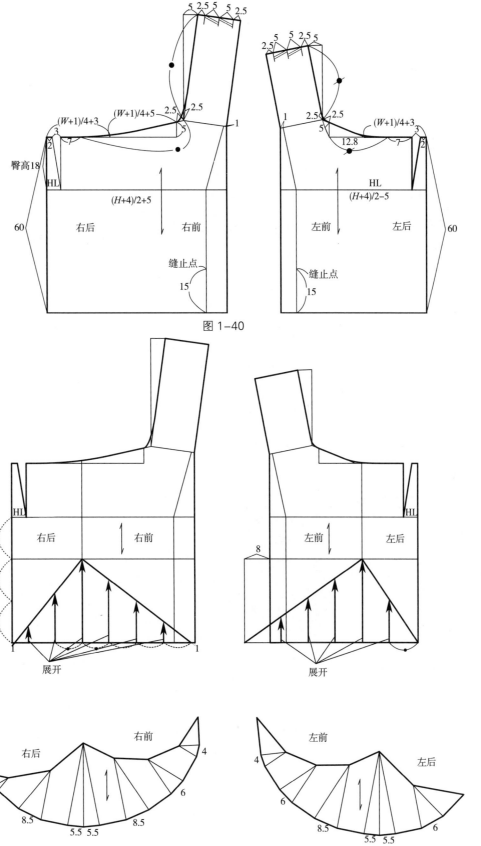

图 1-40

图 1-41

1.16 裙子变化款式十六

1.16.1 设计分析

1.16.1.1 设计

该裙是 X 型裙装，前后腰部有符合人体造型的腰省，裙子前短后长且交叠式前裙满足了人体活动的需要。这是一款休闲雅致的裙装，可以搭配衬衫、背心、外套等（图1-42）。

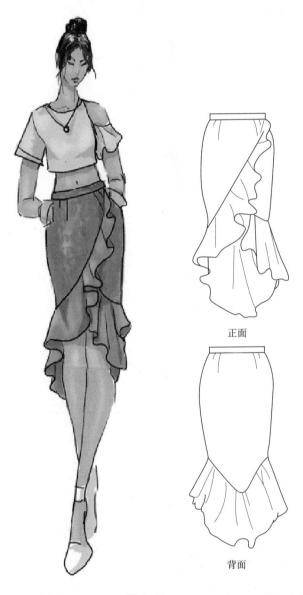

正面

背面

图 1-42

1.16.1.2 用料

面料：幅宽150cm，用料长90cm。

辅料：腰头衬料长度为腰围长度+3cm（搭门量），宽度为3cm左右（根据设计要求适当增减）。

1.16.2 平面结构制图要点

1.16.2.1 裙身

为了满足人体活动需要，臀围松量设计为4cm，腰围松量设计为1cm。切割线位置可以通过将样衣挂在人台上进行二次调整，注意荷叶边纱向（图1-43、图1-44）。

1.16.2.2 腰头

腰头的造型为直线型。

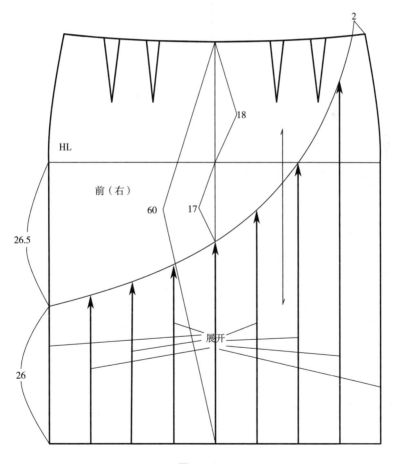

图 1-43

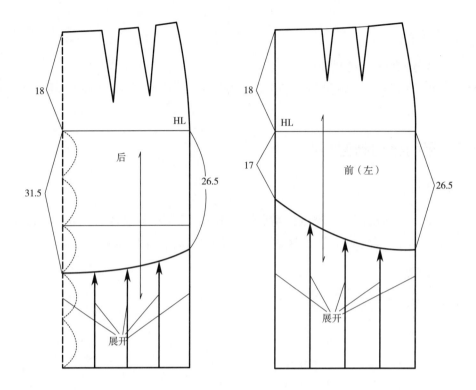

图 1-44

1.17 裙子变化款式十七

1.17.1 设计分析

1.17.1.1 设计

该裙是 X 型裙装，前后腰部有符合人体造型的腰省。整体为鱼尾裙造型，同时满足了人体活动的需求。这是一款休闲通勤裙装，可以搭配衬衫、背心、外套等（图 1-45）。

1.17.1.2 用料

面料：幅宽 150cm，用料长 70cm。

辅料：腰头衬料长度为腰围长度 +3cm（搭门量），宽度为 3cm 左右（根据设计要求适当增减）。

正面

背面

图 1-45

1.17.2 平面结构制图要点

1.17.2.1 裙身

为了满足人体活动需要，臀围松量设计为4cm，腰围松量设计为1cm。将其中一个省道与分割线相结合，可以减少表面线迹（图1-46）。

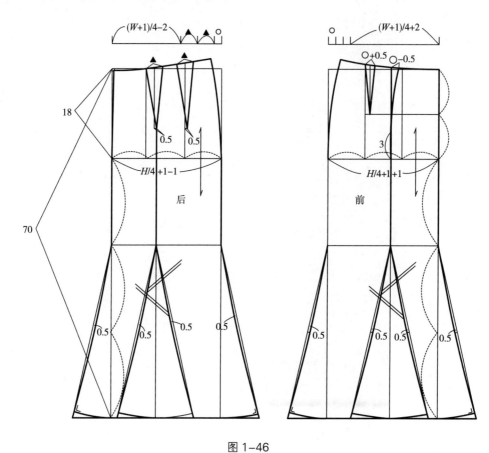

图 1-46

1.17.2.2　腰头

腰头的造型为直线型。

1.18　裙子变化款式十八

1.18.1　设计分析

1.18.1.1　设计

该裙是A型裙装，用育克代替省道，使其符合人体造型。为了满足人体活动，设计了前开衩，方便行走。这是一款日常休闲裙装，可以搭配衬衫、背心、外套等（图1-47）。

1.18.1.2　用料

面料：幅宽150cm，用料长80cm。

辅料：黏合衬幅宽90cm，用料长40cm。

正面

背面

图 1-47

1.18.2　平面结构制图要点

裙身长70cm，为了满足人体活动需要，腰围松量设计为1cm，臀围松量设计为4cm。

褶裥的大小可以根据体型、布幅宽度或喜好来增减。因为是加入褶裥的设计，所以不宜用很厚的布料。此款裙装褶裥量8cm左右（图1-48）。

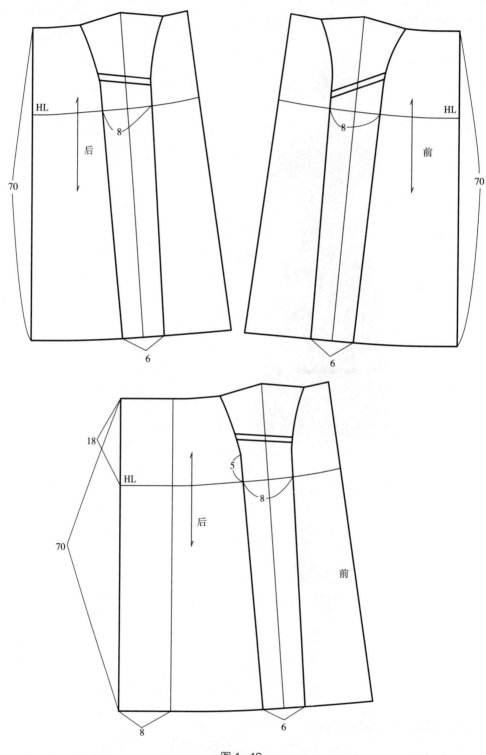

图 1-48

1.19 裙子变化款式十九

1.19.1 设计分析

1.19.1.1 设计

该裙是A型裙装。左右采用不对称设计，腰部省道闭合，底摆展开，符合人体造型。这是一款休闲雅致的裙装，可以搭配衬衫、背心、外套等（图1-49）。

正面

背面

图 1-49

1.19.1.2　用料

面料：幅宽150cm，用料长90cm。

辅料：腰头衬料长度为腰围长度+3cm（搭门量），宽度为3cm左右（根据设计要求适当增减）。

1.19.2　平面结构制图要点

1.19.2.1　裙身

为了满足人体活动需要，腰围松量设计为1cm，臀围松量设计为4cm。由于裙片数较多，制图时注意制图符号的使用（图1-50、图1-51）。

1.19.2.2　腰头

腰头的造型为直线型。

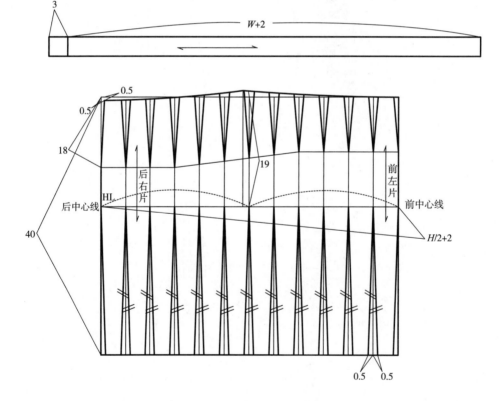

图 1-50

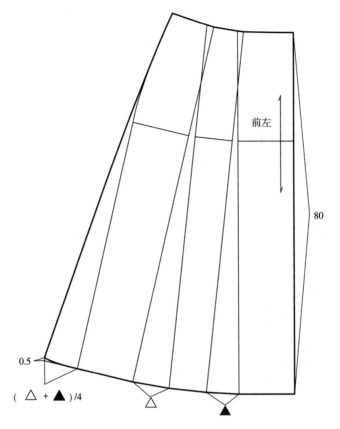

80

0.5

(△ + ▲)/4

前左

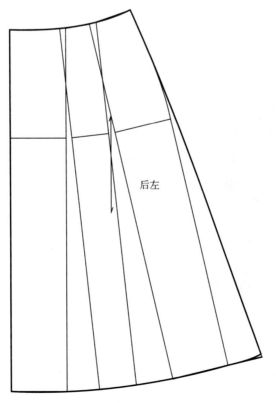

后左

图 1-51

1.20 裙子变化款式二十

1.20.1 设计分析

1.20.1.1 设计

该裙是A型裙装，前片叠加设计，腰部加装腰带，让裙子表面无省道且能够符合人体造型。这是一款日常休闲裙装，可搭配衬衫、背心、外套等（图1-52）。

正面

背面

图 1-52

1.20.1.2 用料

面料：幅宽150cm，用料长90cm。

1.20.2 平面结构制图要点

裙长45cm，为了满足人体活动需要，腰围松量设计为1cm，臀围松量设计为4cm（图1-53、图1-54）。

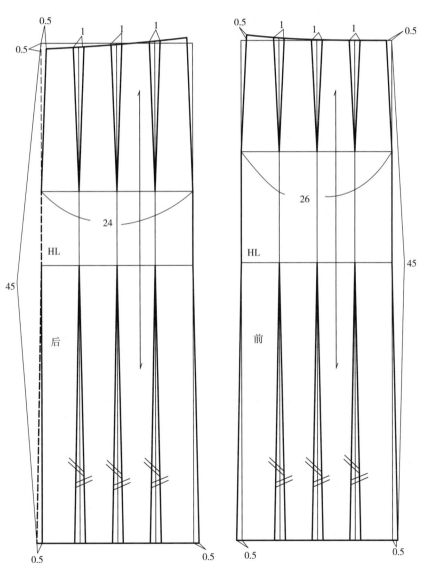

图 1-53

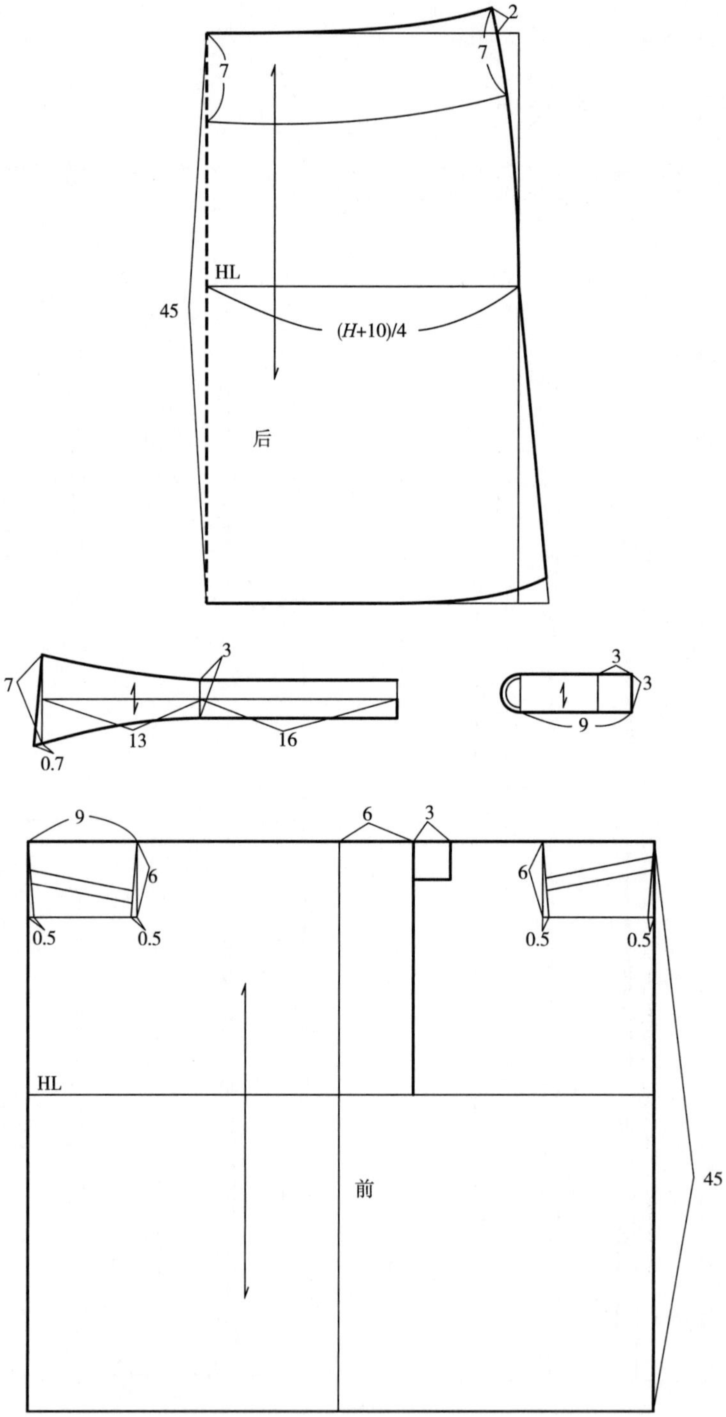

后

HL

45

$(H+10)/4$

2

7

7

7

3

13

16

0.7

3

9

3

9

6

3

6

6

0.5

0.5

0.5

0.5

HL

前

45

图 1-54

思考题

1. 裙子的收省原理是什么？
2. 裙长、臀围、摆围的关系是什么？
3. 裙子平面结构制图中尺寸标注及制图符号的使用应该注意哪些事项？
4. 为什么裙子的后腰缝线要低落1cm左右？
5. 根据图1-55中的效果图及正背面款式图，试着绘制出该裙的平面结构图。

正面

背面

图 1-55

2

裤子变化款式

课程名称：裤子变化款式

课程内容：20款裤装结构设计

课程时间：16课时

教学目的：使学生掌握日本文化原型中的裤原型的变化原理，了解不同面料裤装的放松量的大小，掌握20款经典款裤装的制图要点。

教学方式：以线下教学为主。

教学要求：1.掌握日本文化原型中的裤原型的变化原理

2.掌握20款裤装的制图方法

课前（后）准备：准备好日本文化原型裤原型，对款式图进行分解；准备好绘图工具，绘制思考题中的结构图。

　　裤子是指穿在人体下半身的服装、一般由一个裤腰、一个裤裆、两条裤腿缝纫而成。穿裤子能使下肢活动自如，裤子作为男性服装的历史很长，女性外穿裤子是从19世纪中期的灯笼裤开始的。随着体育运动的普及，裤子在马术、自行车、滑雪等项目中被普遍使用。随着时代的发展变迁，裤子的款式设计层出不穷，在追求轻便化、功能性的现代时尚服装中，裤子作为下装重要的组成部分，具有不可取代的地位。

2.1　裤子变化款式一

2.1.1　设计分析

2.1.1.1　设计

　　该裤装是直筒造型。前后腰部有符合人体造型的腰省。该裤具有垂直的外形轮廓，即从腰部到臀部随体型有适当的放量，从裤腿到裤口为直筒型。这款裤子的材料以毛、棉、麻、化纤等质地结实的布料为好。前后挺缝线设计让其整体更加板正。这是一款基础裤装，可以搭配衬衫、背心、外套等（图2-1）。

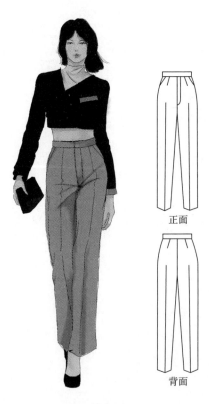

正面

背面

图 2-1

2.1.1.2　用料

面料：幅宽150cm，用料长100cm。

辅料：腰头衬料长度为腰围长度+3cm（搭门量），宽度为3cm左右（根据设计要求适当增减）。

2.1.2　平面结构制图要点

2.1.2.1　裤身

为了满足人体活动需要，前臀围的松量要考虑大腿部的围度，前臀围一般为$H/4+1.5\sim2$cm。后片的斜裆要有10°左右的倾斜，以增强活动性，这个斜度越大后片立裆越长，越方便活动，但站直的时候裤型会不好看。平面结构制图上的前后裆长度与实际尺寸的差值，就是松量和活动量。通常纸样与体型不合适的时候，可以从裤（基本型）横裆宽和后斜裆上端等部位进行尺寸加减调节（图2-2）。

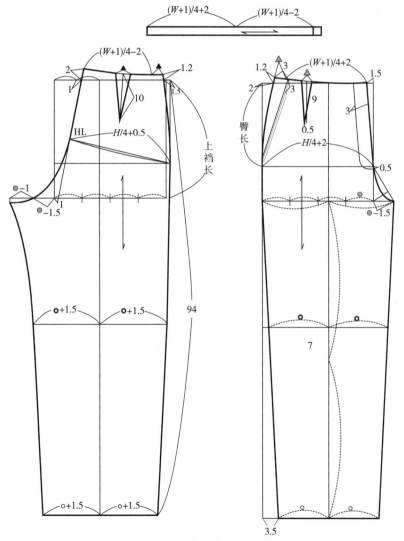

图 2-2

2.1.2.2 腰头

腰头的造型为直线型。

2.2 裤子变化款式二

2.2.1 设计分析

2.2.1.1 设计

这款裤子为连体背带裤，下方裤腿为紧身裤造型，无省道设计。这是一款日常休闲的裤装，可以搭配衬衫、背心等（图2-3）。

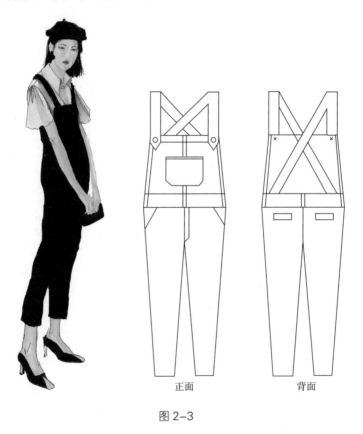

正面   背面

图 2-3

2.2.1.2 用料

面料：幅宽150cm，用料长140cm。

辅料：背带衬长度和背带长度根据实际情况调整。

2.2.2　平面结构制图要点

2.2.2.1　裤身

为了让上身活动松量充足，不设计腰省（图2-4）。

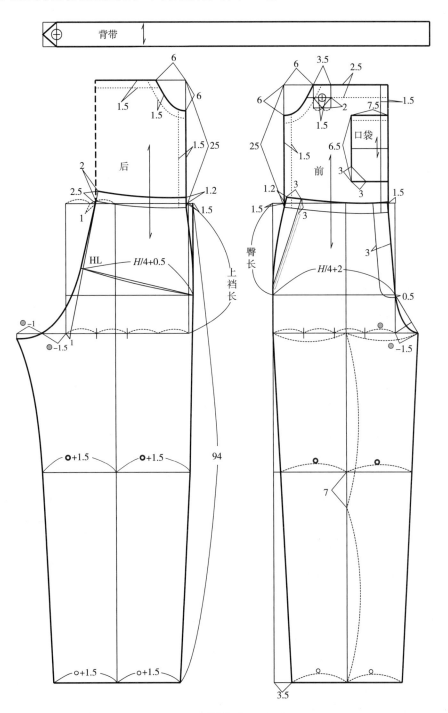

图 2-4

2.2.2.2 背带

背带长度根据人体具体情况进行调节。

2.3 裤子变化款式三

2.3.1 设计分析

2.3.1.1 设计

该裤装为喇叭裤造型，低腰设计，前后腰部无省道。裤腿中心为抽褶设计。这是一款时尚休闲裤装，可以搭配衬衫、背心、外套等（图2-5）。

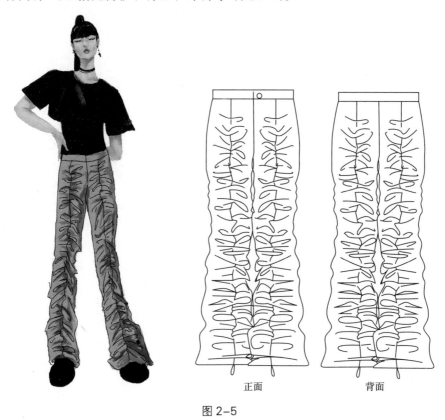

正面　　　　背面

图 2-5

2.3.1.2 用料

面料：幅宽150cm，用料长110cm。

辅料：腰头衬料长度为腰围长度+3cm（搭门量），宽度为3cm左右（根据设计要求适当增减）。

2.3.2 平面结构制图要点

2.3.2.1 裤身

裤长99cm，臀围、裤裆部位与基本型的制图一样，从腰节线向下下落1.2cm形成低腰，低腰裤的中裆比基本裤型高，图2-6中的中裆是取横裆到膝位线的1/3。前片裤口做上凹曲线，后片做下凸曲线。为了满足人体活动需要，臀围松量设计为4cm。该裤的裤腿展开量大（图2-6）。

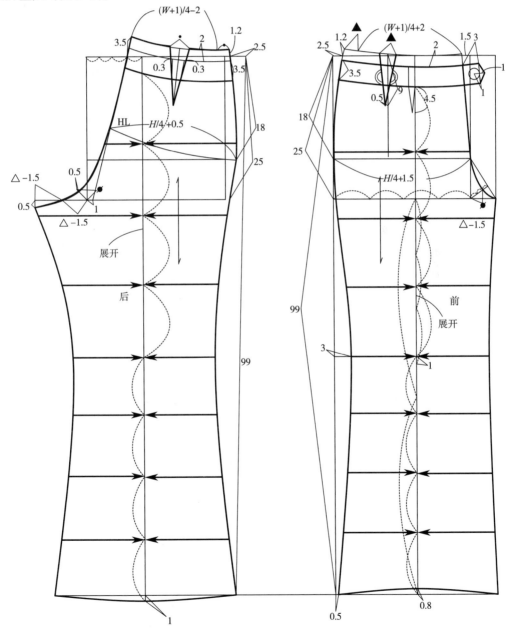

图 2-6

2.3.2.2　腰头

因低腰设计，腰头要符合人体曲线为弯曲造型（图2-7）。

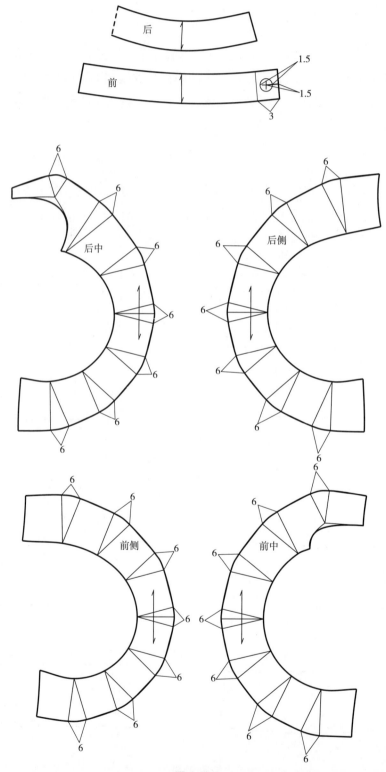

图 2-7

2.4 裤子变化款式四

2.4.1 设计分析

2.4.1.1 设计

该裤装为A型短裤造型，腰部由褶裥代替省道，使其符合人体造型。这是一款日常休闲的裤装，可以搭配衬衫、背心、外套等（图2-8）。

正面

背面

图2-8

2.4.1.2 用料

面料：幅宽150cm，用料长60cm。

2.4.2 平面结构制图要点

2.4.2.1 裤身

为了满足人体活动需要，臀围松量设计为4cm。裤身展开时注意上下同时展开，展开量上大下小。这样褶裥收拢后整体呈A型（图2-9、图2-10）。

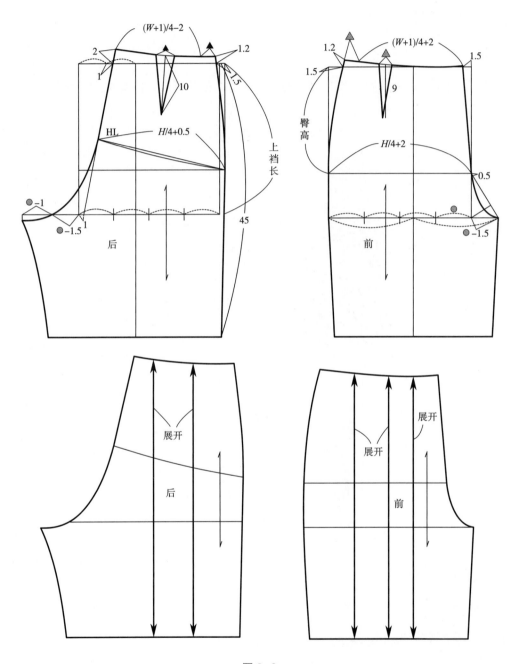

图 2-9

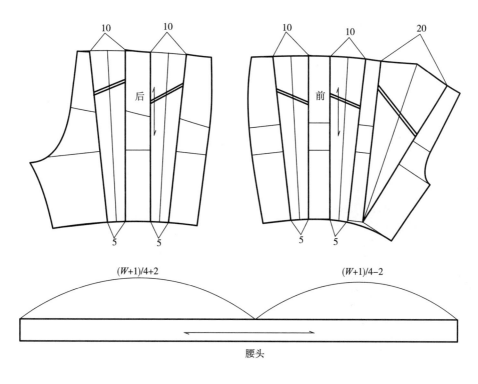

图 2-10

2.4.2.2 腰头

腰头形状为直线型。

2.5 裤子变化款式五

2.5.1 设计分析

2.5.1.1 设计

该裤子为灯笼裤，腰部用育克与省道相结合，符合人体造型。这是一款日常休闲裤装，可以搭配衬衫、背心、外套等（图2-11）。

2.5.1.2 用料

面料：幅宽150cm，用料长100cm。

正面

背面

图 2-11

2.5.2　平面结构制图要点

裤腿制图需要上下同时展开，使裤腿中部空间饱满，以便形成灯笼裤造型（图 2-12、图 2-13）。

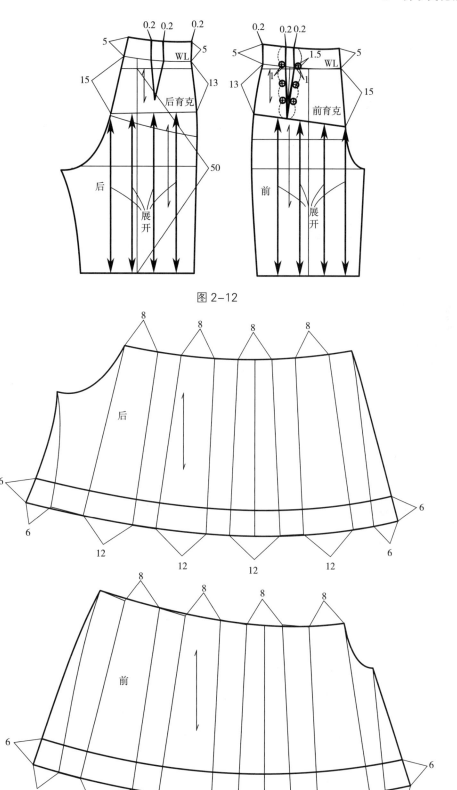

图 2-12

图 2-13

2.6 裤子变化款式六

2.6.1 设计分析

2.6.1.1 设计

该裤装为阔腿背带裤造型。裤身为高腰设计，前后腰部有腰省，符合人体造型。这是一款日常休闲裤装，可以搭配衬衫、背心等（图2-14）。

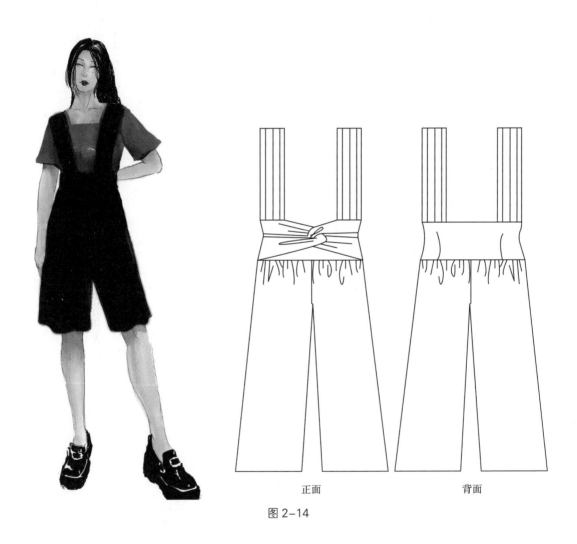

正面   背面

图2-14

2.6.1.2 用料

面料：幅宽150cm，用料长70cm。

2.6.2 平面结构制图要点

2.6.2.1 裤身

为了满足人体活动需要，臀围松量设计为4cm。左右两边的上腰围侧缝处各放出0.8cm的松量，保证上腰围松量充足（图2-15、图2-16）。

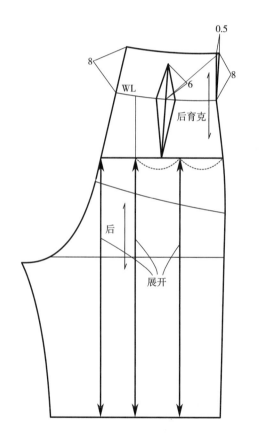
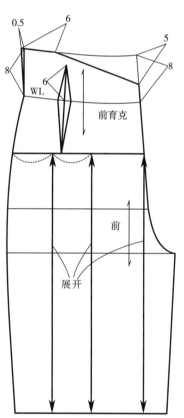

图 2-15

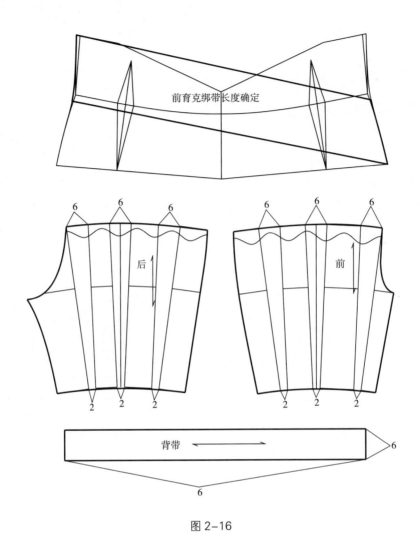

图 2-16

2.6.2.2　背带

背带长度根据人体具体情况而定。

2.7　裤子变化款式七

2.7.1　设计分析

2.7.1.1　设计

该裤装为喇叭裤，前后设计育克代替省道，符合人体造型。裤腰的前部分用腰带进行装饰。这是一款日常通勤裤装，可以搭配衬衫、背心、外套等（图2-17）。

正面

背面

图 2-17

2.7.1.2　用料

面料：幅宽150cm，用料长110cm。

辅料：黏合衬幅宽90cm，用料长40cm。

2.7.2　平面结构制图要点

2.7.2.1　裤身

为了满足人体活动需要，臀围松量设计为4cm（图2-18、图2-19）。

2.7.2.2　腰头

腰带长度可以根据实际情况具体调节。

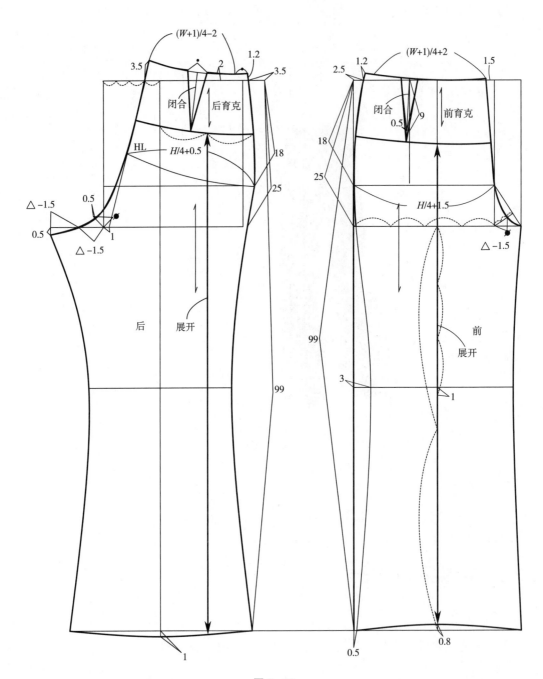

$(W+1)/4-2$

3.5 2 1.2 3.5

闭合 后育克

HL $H/4+0.5$

△ -1.5 0.5

0.5

1

△ -1.5

后 展开

18

25

99

1

2.5 1.2 $(W+1)/4+2$ 1.5

闭合 0.5 9 前育克

18

25 $H/4+1.5$

△ -1.5

前 展开

99

3 1

0.5 0.8

图 2-18

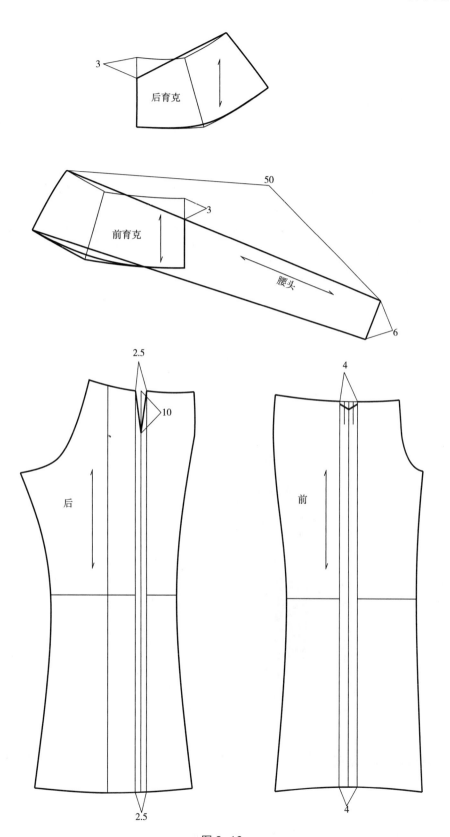

图 2-19

2.8 裤子变化款式八

2.8.1 设计分析

2.8.1.1 设计

该裤装是喇叭裤造型，前后裤身用褶裥代替省道，使其符合人体造型。这是一款休闲雅致的裤装，可以搭配衬衫、背心、外套等（图2-20）。

2.8.1.2 用料

面料：幅宽150cm，用料长110cm。

辅料：腰头衬料长度为腰围长度+3cm（搭门量），宽度为3cm左右（根据设计要求适当增减）。

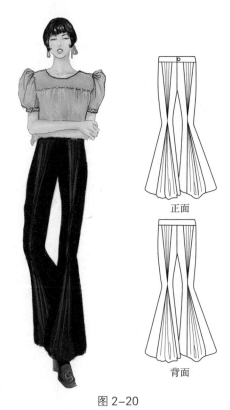

正面

背面

图2-20

2.8.2 平面结构制图要点

2.8.2.1 裤身

为了满足人体活动需要，臀围松量设计为4cm（图2-21~图2-23）。

2.8.2.2 腰头

因裤腰为低腰设计，为了符合人体造型，腰头为弯曲造型。

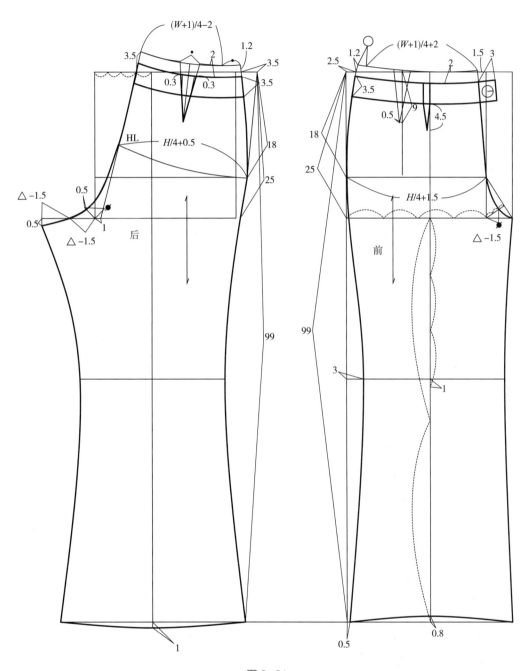

图 2-21

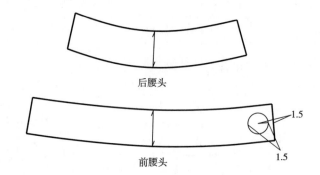

后腰头

前腰头

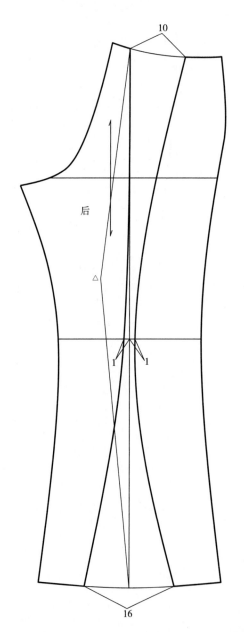

后

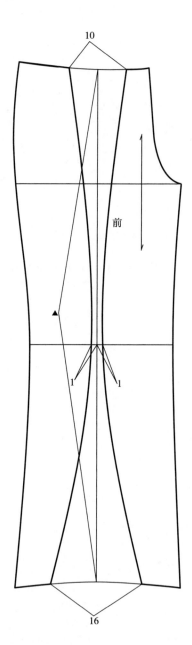

前

图 2-22

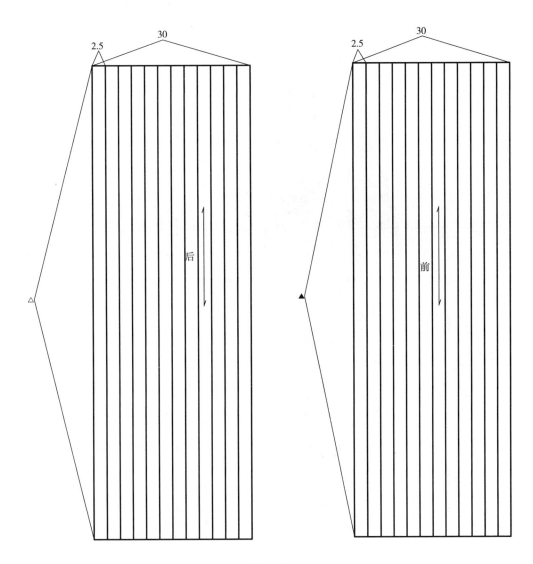

图 2-23

2.9 裤子变化款式九

2.9.1 设计分析

2.9.1.1 设计

该裤装为紧身裤造型裤装。裤身表面多为拼接设计，裤门襟为异形设计。这是一款时尚休闲裤装，可以搭配衬衫、背心、外套等（图2-24）。

正面

背面

图 2-24

2.9.1.2 用料

面料1：幅宽150cm，用料长40cm。

面料2：幅宽150cm，用料长70cm。

面料3：幅宽150cm，用料长50cm。

辅料：腰头衬料长度为腰围长度+3cm（搭门量），宽度为3cm左右（根据设计要求适当增减）。

2.9.2 平面结构制图要点

2.9.2.1 裤身

为了满足人体活动需要，臀围松量设计为4cm，整体制图可参照紧身裤制图（图2-25）。

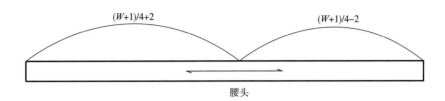

腰头

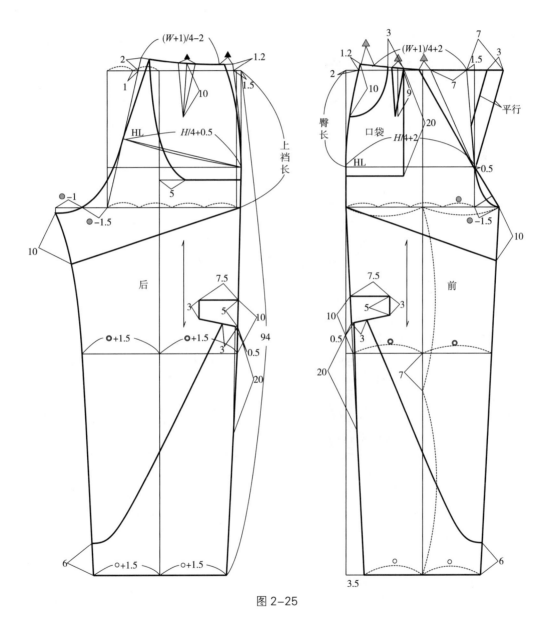

图 2-25

2.9.2.2　腰头

腰头为直线型。

2.10 裤子变化款式十

2.10.1 设计分析

2.10.1.1 设计

    该裤装为直筒造型。用前后育克代替了省道，符合人体造型。前片叠加设计增加了层次感。这是一款休闲通勤裤装，可以搭配衬衫、背心、外套等（图2-26）。

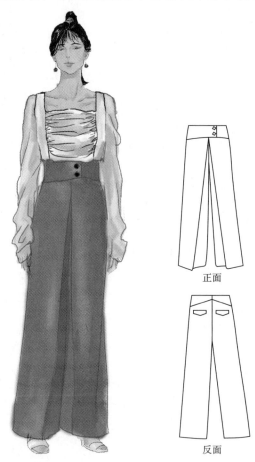

正面

反面

图 2-26

2.10.1.2 用料

    面料：幅宽150cm，用料长110cm。

    辅料：黏合衬幅宽90cm，用料长40cm。

2.10.2 平面结构制图要点

    为了满足人体活动需要，臀围松量设计为4cm（图2-27）。

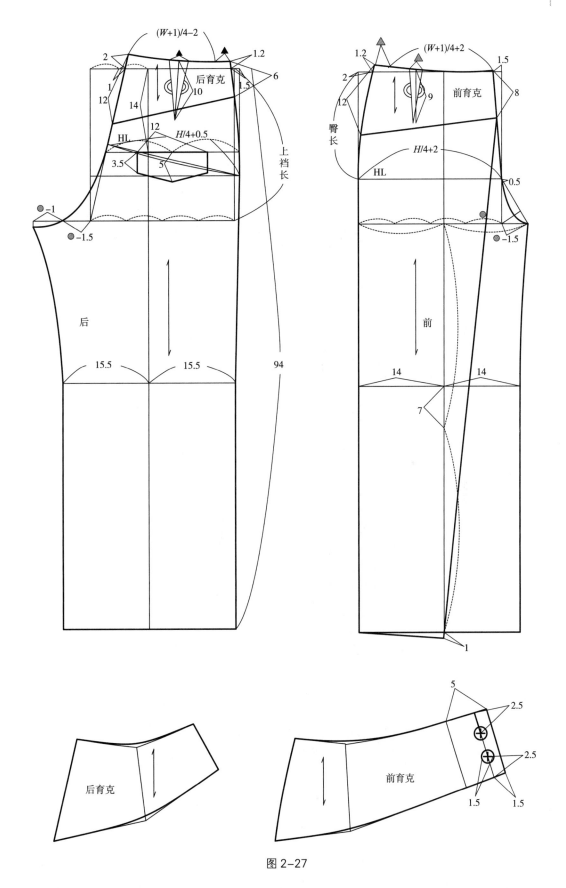

图 2-27

2.11 裤子变化款式十一

2.11.1 设计分析

2.11.1.1 设计

该裤装是直筒造型，正面腰部将省道与分割线相结合，既符合人体造型，又增添了设计感。这是一款休闲通勤裤装，可以搭配衬衫、背心、外套等（图2-28）。

正面

背面

图 2-28

2.11.1.2　用料

面料：幅宽150cm，用料长110cm。

辅料：黏合衬幅宽90cm，用料长40cm。

2.11.2　平面结构制图要点

为了满足人体活动需要，臀围松量设计为4cm（图2-29、图2-30）。

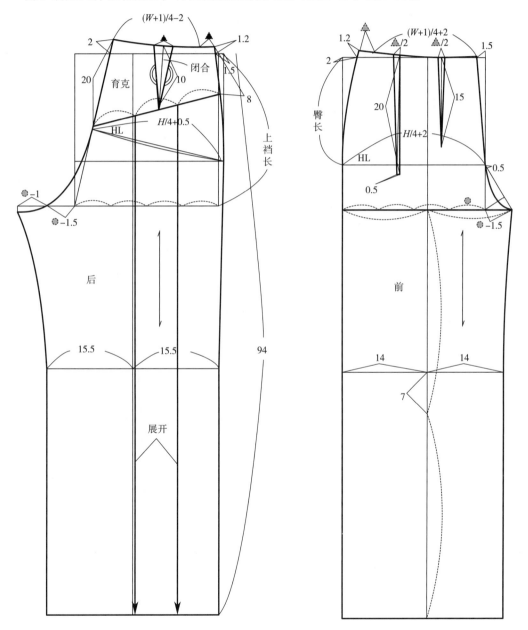

图 2-29

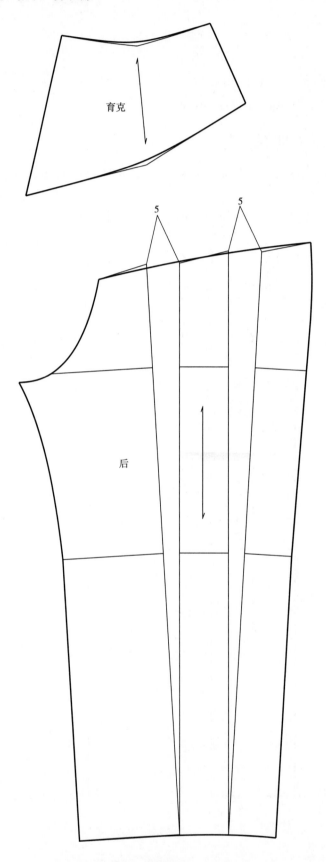

图 2-30

2.12 裤子变化款式十二

2.12.1 设计分析

2.12.1.1 设计

该裤装是直筒造型。前后腰头采用高腰设计，设置了前后腰省，符合人体造型。这是一款休闲时尚裤装，可以搭配衬衫、背心、外套等（图2-31）。

2.12.1.2 用料

面料：幅宽150cm，用料长110cm。

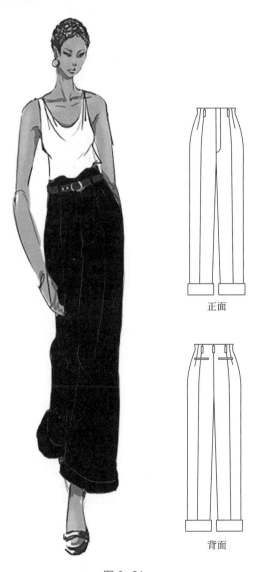

正面

背面

图 2-31

2.12.2　平面结构制图要点

　　为了满足人体活动需要，臀围松量设计为4cm。为了使上腰围活动空间充足，省道端部需要每边调大0.2cm（图2-32）。

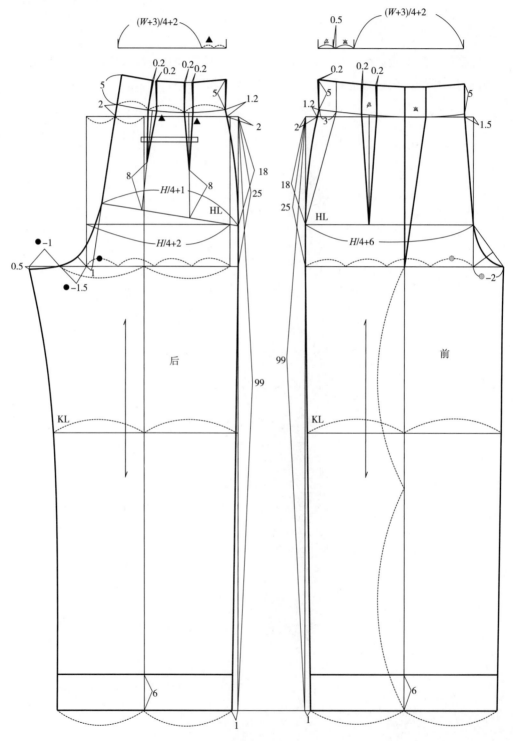

图 2-32

2.13 裤子变化款式十三

2.13.1 设计分析

2.13.1.1 设计

该裤装是紧身裤造型。后片设置腰省，符合人体造型。该裤有腰带设计。这是一款休闲时尚裤装，可以搭配衬衫、背心、外套等（图2-33）。

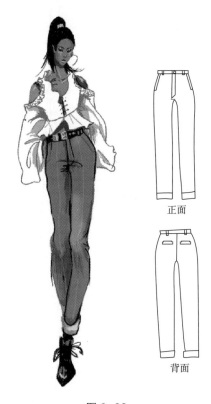

正面

背面

图 2-33

2.13.1.2 用料

面料：幅宽150cm，用料长110cm。

辅料：腰头衬料长度为腰围长度+3cm（搭门量），宽度为3cm左右（根据设计要求适当增减）。

2.13.2 平面结构制图要点

2.13.2.1 裤身

为了满足人体活动需要，臀围松量设计为4cm（图2-34）。

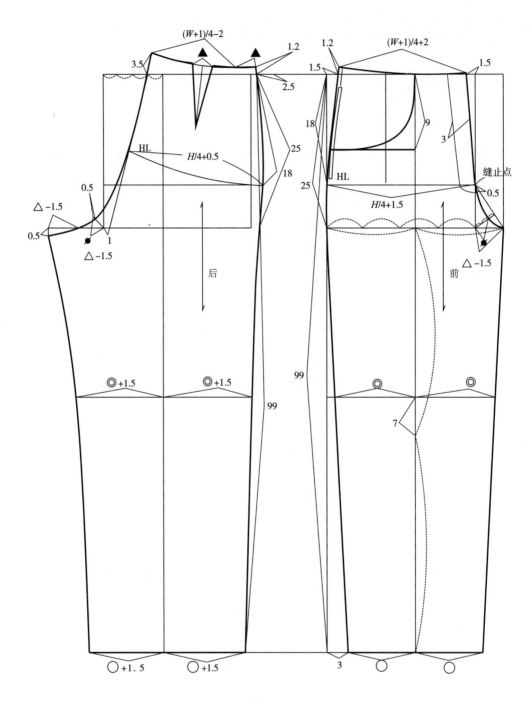

图 2-34

2.13.2.2 腰头

腰头为直线型。

2.14 裤子变化款式十四

2.14.1 设计分析

2.14.1.1 设计

该裤装为喇叭造型。前后裤腿用拉链进行分割设计，将省道与分割线相结合，符合人体造型。这是一款日常休闲裤装，可以搭配衬衫、背心、外套等（图2-35）。

正面

背面

图 2-35

2.14.1.2 用料

面料：幅宽150cm，用料长110cm。

辅料：腰头衬料长度为腰围长度+3cm（搭门量），宽度为3cm左右（根据设计要求适当增减）。

2.14.2 平面结构制图要点

2.14.2.1 裤身

为了满足人体活动需要，臀围松量设计为4cm（图2-36）。

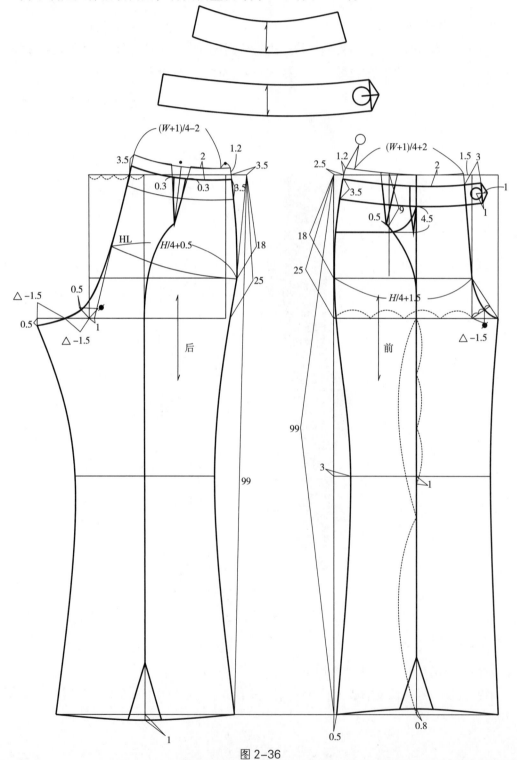

图 2-36

2.14.2.2　腰头

腰头造型为直线型。

2.15　裤子变化款式十五

2.15.1　设计分析

2.15.1.1　设计

该裤装为直线造型。后腰部有腰省设计，前腰部用碎褶代替省道，符合人体造型。这是一款休闲时尚裤装，可以搭配衬衫、背心、外套等（图2-37）。

正面

背面

图2-37

2.15.1.2　用料

面料：幅宽150cm，用料长110cm。

辅料：黏合衬幅宽90cm，用料长20cm。

2.15.2　平面结构制图要点

2.15.2.1　裤身

为了满足人体活动需要，臀围松量设计为4cm，且前后侧缝处各加宽3cm（图2-38）。

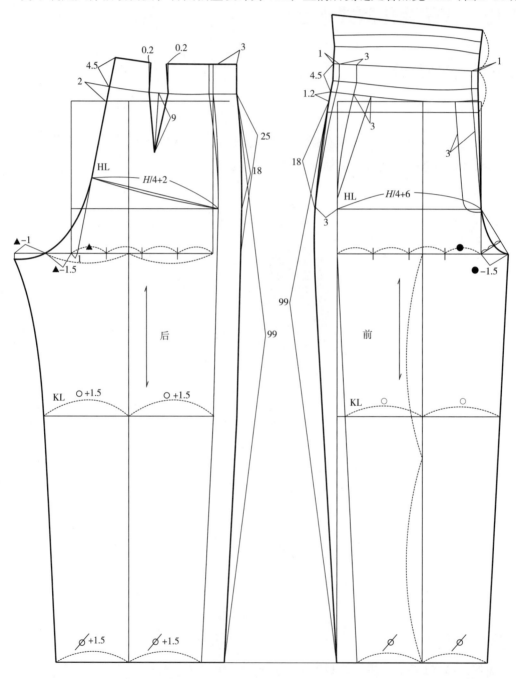

图 2-38

2.15.2.2 腰头

腰头宽度可以根据实际情况调整。

2.16 裤子变化款式十六

2.16.1 设计分析

2.16.1.1 设计

该裤装造型来源于伊斯兰褶裤，为高腰造型，用碎褶弥补臀腰差，符合人体造型。这是一款休闲时尚裤装，可以搭配衬衫、背心、外套等（图2-39）。

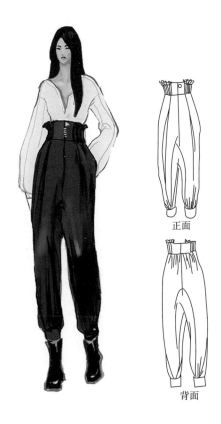

正面

背面

图 2-39

2.16.1.2 用料

面料：幅宽150cm，用料长110cm。

辅料：黏合衬幅宽90cm，用料长40cm。

2.16.2 平面构成制图要点

上裆处展开量必须充足，以保证在收褶后臀围松量能够满足人体活动需要（图2-40）。

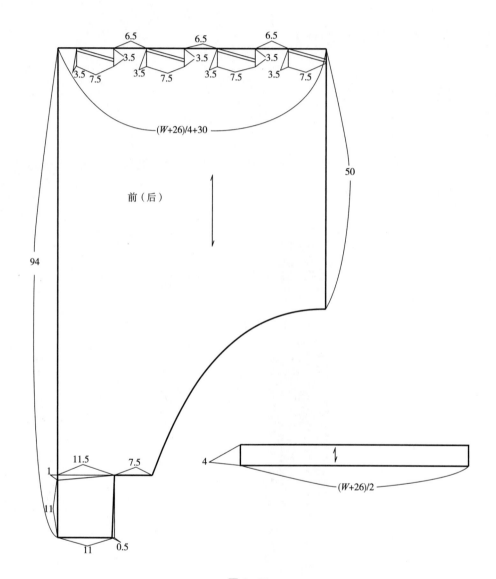

图 2-40

2.17　裤子变化款式十七

2.17.1　设计分析

2.17.1.1　设计

该裤装为喇叭裤造型，分为上下两端拼接设计，腰部收碎褶以符合人体造型，下部分为喇叭形裤腿，满足了人体活动需要。这是一款休闲时尚裤装，可以搭配衬衫、背心、外套等（图2-41）。

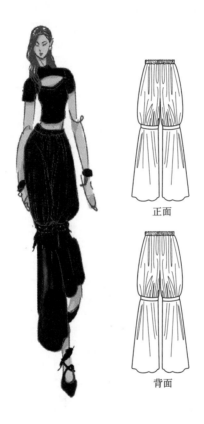

正面

背面

图 2-41

2.17.1.2　用料

面料：幅宽150cm，用料长100cm。

2.17.2　平面结构制图要点

裤身展开量要充足，以保证碎褶量足够，臀围松量足够，满足人体活动需要（图2-42）。

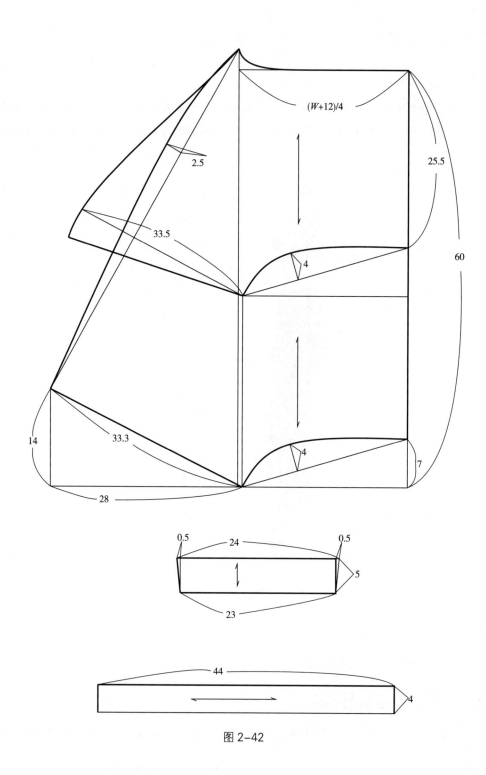

图 2-42

2.18 裤子变化款式十八

2.18.1 设计分析

2.18.1.1 设计

该裤装是喇叭裤造型。前后腰部有腰省，符合人体造型。这是一款日常休闲裤装，可以搭配衬衫、背心、外套等（图2-43）。

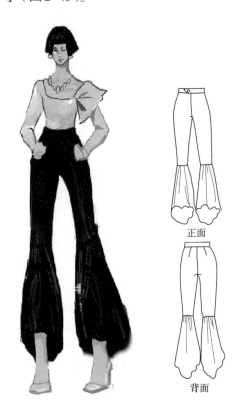

正面

背面

图 2-43

2.18.1.2 用料

面料：幅宽150cm，用料长110cm。

2.18.2 平面结构制图要点

2.18.2.1 裤身

为了满足人体活动需要，臀围松量设计为4cm（图2-44）。

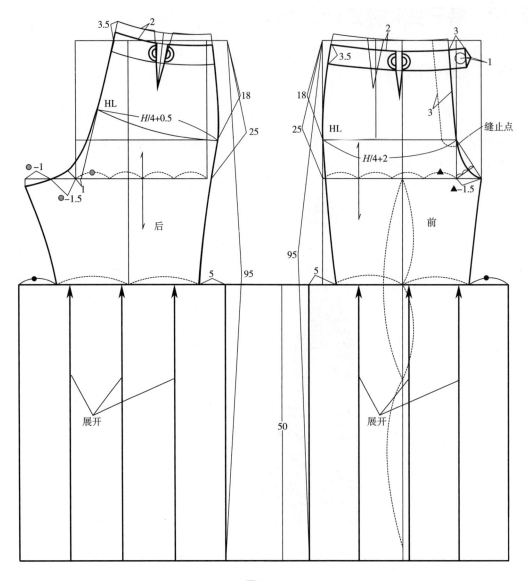

图 2-44

2.18.2.2 腰头

腰头造型为直线型。

2.19 裤子变化款式十九

2.19.1 设计分析

2.19.1.1 设计

该裤装整体为直线造型。腰头采用松紧带，使其很好地符合人体造型。这是一款休闲时尚裤装，可以搭配衬衫、背心、外套等（图2-45）。

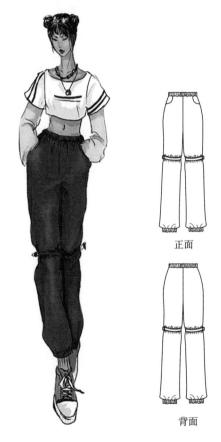

正面

背面

图 2-45

2.19.1.2 用料

面料：幅宽150cm，用料长110cm。

辅料：松紧带长度为腰围尺寸。

2.19.2 平面结构制图要点

为了满足人体活动需要，臀围松量设计为4cm（图2-46）。

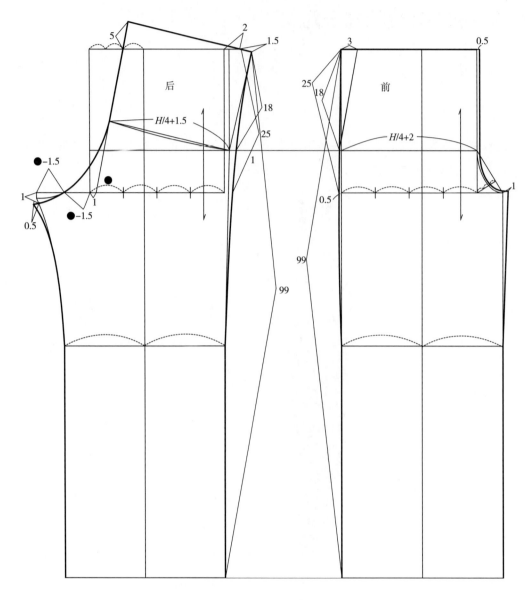

图 2-46

2.20 裤子变化款式二十

2.20.1 设计分析

2.20.1.1 设计

该裤装整体造型类似灯笼裤。腰部采用松紧带，使其符合人体造型。这是一款日常休闲裤装，可以搭配衬衫、背心、外套等（图2-47）。

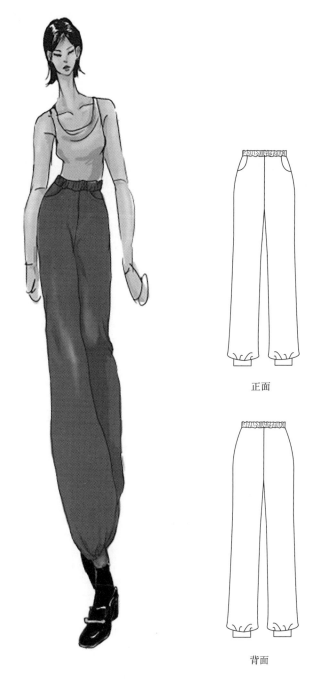

正面

背面

图 2-47

2.20.1.2　用料

　　面料：幅宽150cm，用料长100cm。

　　辅料：松紧带长度为腰围尺寸。

2.20.2 平面结构制图要点

为了符合人体活动需要，臀围松量设计为4cm（图2-48、图2-49）。

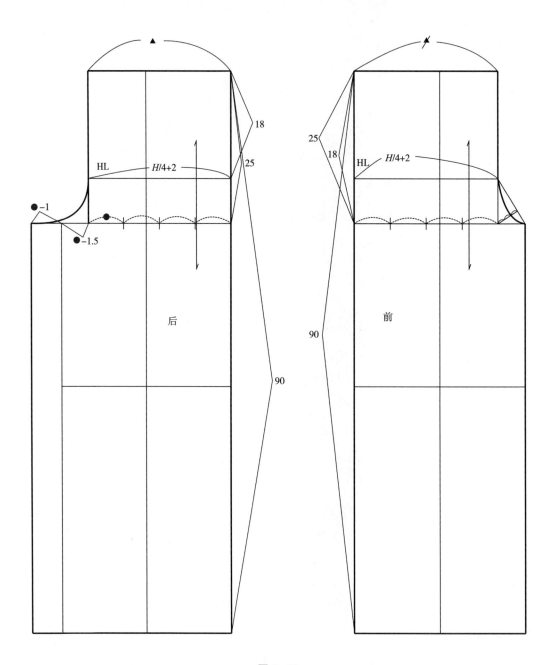

图 2-48

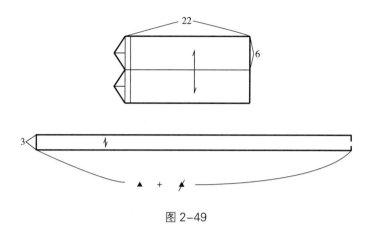

图 2-49

思考题

1.带有褶裥款式的裤子在平面结构制图时需要考虑哪些因素？

2.短裤在平面制图时，需要考虑哪些尺寸及松量变化情况？

3.裤子平面结构制图中的尺寸标注及制图符号，应该注意哪些事项？

4.裤子的主要测量部位有哪些？

5.根据图2-50中的效果图及正背面款式图，试着绘制出裤子款式的平面结构图。

正面

背面

图 2-50

参考文献

[1] 文化服装学院.文化フアッション大系改訂版・服飾造形講座①，服装造形の基礎 [M].东京：文化出版局，2021.

[2] 文化服装学院.文化フアッション大系改訂版・服飾造形講座②，スカート・パンツ [M].东京：文化出版局，2021.

[3] 文化服装学院.文化フアッション大系改訂版・服飾造形講座③，シャツ・ワンピース [M].东京：文化出版局，2021.

[4] 文化服装学院.文化フアッション大系改訂版・服飾造形講座④，ジャケット・ベスト [M].东京：文化出版局，2021.

[5] 文化服装学院.文化フアッション大系改訂版・服飾造形講座⑤，コート・ケープ [M].东京：文化出版局，2021.

[6] 中屋典子，三吉満智子.服装造型学・技术篇Ⅰ [M].孙兆全，刘美华，金鲜英，译.北京：中国纺织出版社，2004.

[7] 中屋典子，三吉满智子.服装造型学・技术篇Ⅱ [M].刘美华，孙兆全，译.北京：中国纺织出版社，2004.

[8] 中屋典子，三吉满智子.服装造型学・技术篇Ⅲ [M].李祖旺，金鲜英，金贞顺，译.北京：中国纺织出版社，2005.